"十二五"职业教育国家规划教材

经全国职业教育教材审定委员会审定

高等职业教育农业部"十二五"规划教材

化 学

（五年制高职适用）

张龙　张凤　主编

U0283118

中国农业出版社

北京

内 容 提 要

　　本教材是"十二五"职业教育国家规划教材，经全国职业教育教材审定委员会审定通过。

　　本教材的主要内容包括物质结构与氧化还原反应、溶液与胶体、重要的非金属元素及其化合物、重要的金属元素及其化合物、定量分析概论、烃、烃的衍生物、生命活动的基础物质等。全书既注意五年制高职层次要求，又考虑与初中化学教材的衔接，"重视基础，强调应用"，"教、学、做"合一，将知识的学习、技能的训练和素质的培养融为一体。

　　本教材可作为五年制高等职业教育农林牧渔大类畜牧兽医、饲料与动物营养、动物防疫与检疫、作物生产技术等各涉农专业教材使用。

中国农业出版社

编审人员名单

主　编　张　龙　张　凤

副主编　段晓琴　张兰华

编　者　（以姓名笔画为序）

　　　　王　莹　张　凤

　　　　张　龙　张兰华

　　　　段晓琴

审　稿　刘天晴

编审人员名单

前言

　　本教材是"十二五"职业教育国家规划教材,是根据农林牧渔大类畜牧兽医等涉农专业化学课程教学改革的需要组织编写的一门文化基础课教材。

　　本教材既注意五年制高职层次要求,又考虑与初中化学教材的衔接。在教材内容上,充分考虑五年制高职学生的实际,进一步淡化理论,降低难度,做到"重视基础,强调应用",将知识的学习和技能的培养融为一体,使"教、学、做"合一;在编写体例上,教材设计了"学中做""做中学""实践活动",以及"化学简史""化学与生活""知识拓展"等栏目,既增加了师生互动,培养了学生的操作技能,又激发了学生的学习兴趣,拓宽了学生的知识面;在质量和表现上,力求做到科学性、新颖性、时代性与趣味性相结合;在描述上,力求精练准确、浅显易懂、图文并茂、生动活泼。

　　本教材由江苏农牧科技职业学院张龙教授和山东畜牧兽医职业学院张凤教授主编,参加编写的老师有山东畜牧兽医职业学院张兰华、河南农业职业学院段晓琴、江苏农牧科技职业学院王莹。全书由张龙、王莹统稿,扬州大学化学化工学院刘天晴教授审稿。

　　本教材在编写过程中,得到了中国农业出版社和各编者所在单位的大力支持,在此一并表示衷心的感谢。

　　由于编者水平有限,缺点与不足在所难免,恳请广大师生及其他读者提出批评、建议和改进意见。

编　者

2014 年 1 月

目录

前言

第一章　物质结构与氧化还原反应 ················· 1

　第一节　原子结构 ·· 1

　　一、原子的组成 ·· 1

　　二、原子核外电子的排布 ························· 3

　　三、元素周期律与元素周期表 ················· 4

　　四、化学键 ·· 10

　第二节　氧化还原反应 ··································· 12

　　一、氧化反应和还原反应 ························· 12

　　二、氧化剂和还原剂 ······························· 13

　　本章小结 ··· 14

第二章　溶液与胶体 ······································ 16

　第一节　溶液组成的表示方法 ······················ 16

　　一、质量浓度 ·· 16

　　二、质量分数 ·· 17

　　三、物质的量浓度 ··································· 17

　第二节　化学平衡 ··· 24

　　一、化学反应速率 ··································· 24

　　二、化学平衡 ·· 26

　第三节　电解质溶液 ······································ 30

　　一、强电解质和弱电解质 ························· 30

　　二、弱电解质的电离平衡 ························· 31

　　三、水的电离与溶液的 pH ······················ 32

　第四节　离子反应与离子方程式 ··················· 36

　　一、离子反应和离子方程式 ····················· 36

　　二、离子反应发生的条件 ························· 38

第五节　盐类水解 ……………………………… 38
　一、盐类的水解 …………………………………… 38
　二、盐类水解的应用 ……………………………… 40
第六节　缓冲溶液 ………………………………… 41
　一、缓冲溶液的组成 ……………………………… 41
　二、缓冲溶液的缓冲作用 ………………………… 41
第七节　胶体 ……………………………………… 42
　一、胶体的吸附作用 ……………………………… 42
　二、胶体的性质 …………………………………… 43
　三、胶体的稳定性和凝聚作用 …………………… 45
　本章小结 …………………………………………… 46

第三章　重要的非金属元素及其化合物 ………… 49

第一节　氯及其化合物 …………………………… 49
　一、氯气 …………………………………………… 49
　二、重要的氯化物 ………………………………… 51
　三、氯离子的检验 ………………………………… 52
第二节　硫及其化合物 …………………………… 54
　一、硫 ……………………………………………… 54
　二、硫的重要化合物 ……………………………… 55
　三、硫离子和硫酸根离子的检验 ………………… 58
第三节　氮、磷及其化合物 ……………………… 60
　一、氮及其化合物 ………………………………… 60
　二、磷及其化合物 ………………………………… 64
第四节　硅及其化合物 …………………………… 65
　一、硅 ……………………………………………… 65
　二、二氧化硅 ……………………………………… 66
　本章小结 …………………………………………… 67

第四章　重要的金属元素及其化合物 …………… 70

第一节　金属元素概述 …………………………… 70
　一、金属的物理性质 ……………………………… 71
　二、金属的化学性质 ……………………………… 72
第二节　钠、钾及其化合物 ……………………… 72
　一、钠及其化合物 ………………………………… 73
　二、钾及其化合物 ………………………………… 77
第三节　镁、钙及其化合物 ……………………… 77
　一、镁及其化合物 ………………………………… 78

二、钙及其化合物 ………………………………… 79

第四节 铝及其化合物 ………………………………… 80

一、铝的性质 ………………………………… 80

二、铝的化合物 ………………………………… 81

第五节 铜、铁、锰及其化合物 ………………………… 83

一、铜及其化合物 ………………………………… 83

二、铁及其化合物 ………………………………… 84

三、锰及其化合物 ………………………………… 87

本章小结 ………………………………… 89

第五章 定量分析概论 ………………………………… 91

第一节 误差和分析结果处理 ………………………… 91

一、误差的分类及其产生原因 ………………… 92

二、分析结果的准确度和精密度 ……………… 93

三、有效数字及其数据处理 …………………… 96

第二节 滴定分析概述 ………………………………… 101

一、滴定分析对化学反应的要求 ……………… 101

二、滴定方式 ………………………………… 102

三、滴定分析结果的计算 ……………………… 102

第三节 滴定分析技术 ………………………………… 108

一、酸碱滴定技术 ………………………………… 108

二、氧化还原滴定技术 …………………………… 113

三、配位滴定技术 ………………………………… 120

四、沉淀滴定技术 ………………………………… 123

第四节 吸光光度分析技术 …………………………… 127

一、光的本质与光吸收定律 …………………… 127

二、吸光光度分析方法 …………………………… 129

本章小结 ………………………………… 132

第六章 烃 ………………………………… 135

第一节 有机化合物概述 ……………………………… 135

一、有机化合物的特点 …………………………… 136

二、有机化合物的分类 …………………………… 137

第二节 烷烃 ………………………………… 139

一、甲烷 ………………………………… 139

二、烷烃 ………………………………… 141

第三节 烯烃 ………………………………… 144

第四节 炔烃 ………………………………… 146

第五节　芳香烃 ……………………………………………… 147

　　一、苯 ………………………………………………………… 148

　　二、稠环芳香烃 ……………………………………………… 150

　　本章小结 …………………………………………………… 151

第七章　烃的衍生物 ……………………………………… 152

第一节　卤代烃 …………………………………………… 152

　　一、卤代烃的分类和命名 …………………………………… 152

　　二、卤代烃的性质 …………………………………………… 153

第二节　醇、酚、醚 ……………………………………… 154

　　一、醇 ………………………………………………………… 154

　　二、酚 ………………………………………………………… 156

　　三、醚 ………………………………………………………… 158

第三节　醛、酮、醌 ……………………………………… 159

　　一、醛和酮 …………………………………………………… 159

　　二、醌 ………………………………………………………… 163

第四节　羧酸与酯 ………………………………………… 163

第五节　胺与酰胺 ………………………………………… 165

　　一、胺 ………………………………………………………… 165

　　二、酰胺 ……………………………………………………… 167

第六节　杂环化合物与生物碱 …………………………… 168

　　一、杂环化合物 ……………………………………………… 168

　　二、生物碱 …………………………………………………… 172

　　本章小结 …………………………………………………… 174

第八章　生命活动的基础物质 ………………………… 176

第一节　糖类 ……………………………………………… 176

　　一、糖类的组成与分类 ……………………………………… 176

　　二、单糖 ……………………………………………………… 177

　　三、二糖 ……………………………………………………… 178

　　四、多糖 ……………………………………………………… 180

第二节　脂类 ……………………………………………… 182

　　一、油脂 ……………………………………………………… 182

　　二、类脂 ……………………………………………………… 186

第三节　蛋白质 …………………………………………… 187

　　一、氨基酸 …………………………………………………… 188

　　二、蛋白质 …………………………………………………… 191

　　本章小结 …………………………………………………… 193

附：化学元素周期表 …………………………………… 195

第一章　物质结构与氧化还原反应

◀ 学习目标 ▶

知识目标
1. 了解原子的组成和原子核外电子的排布规律；
2. 认识元素周期表，理解元素周期律和元素性质的周期性变化；
3. 了解化学键和分子的极性，以及氧化还原反应的实质。

能力目标
1. 学会原子序数 1~18 号元素原子的核外电子排布；
2. 学会运用元素周期律判断物质的性质；
3. 学会氧化反应与还原反应、氧化剂与还原剂的判断。

丰富多彩的物质世界是由一百多种元素组成的。初中化学中，我们已学过一些元素原子结构的知识，初步认识到物质在不同条件下所表现出来的各种性质都与它们的组成和微观结构关系密切。本章将在初中化学的基础上，进一步学习原子结构和元素周期律的基本知识，理解元素性质与原子结构之间的关系，并从氧化和还原的角度认识氧化还原反应。

第一节　原子结构

早在 1808 年，英国化学家道尔顿提出了物质由原子构成，原子不可再分的理论。近 100 多年来，人们几乎都认为原子不可再分。直到 19 世纪末，物理学上一系列的新发现，证实了原子本身是很复杂的，原子是可以再分的。

一、原子的组成

原子是由居于原子中心的带正电荷的原子核和核外绕核作高速运动的带负电荷的电子构成的。原子很小，原子核更小，原子核的半径约为原子半径的十万分之一。如果把原子看成是一个乒乓球体，则原子核（直径约 10^{-15} m）只有大头针尖大小。所以，原子内部绝大部分是"空"的，电子就是在这个空间里作高速运动。

原子核虽小，但仍由质子和中子构成的。每个质子带一个单位正电荷，中子呈电中性，所以原子核所带的正电荷数即核电荷数（用符号 Z 表示）等于核内质子数。由于每个电子带一个单位的负电荷，所以，原子核所带的正电荷与核外电子所带的负电荷电量相等而电性相反。因此，原子作为一个整体不显电性。

核电荷数（Z）＝核内质子数＝核外电子数

质子的质量为 $1.672\,6\times10^{-27}$ kg，中子的质量为 $1.674\,9\times10^{-27}$ kg，电子的质量约为质子质量的 1/1 836，所以原子的质量主要集中在原子核上。质子和中子的相对质量*分别为 1.007、1.008，取近似值为 1。如果忽略电子的质量，将原子核内所有质子和中子的相对质量取近似值加起来所得的数值，称作**质量数**，用符号 A 表示。

质量数（A）＝质子数（Z）＋中子数（N）

因此，只要知道上述三个数值中的任意两个，就可以推算出另一个数值。例如，知道氮原子的核电荷数为 7，质量数为 14，则：

氮原子的中子数（N）＝A－Z＝14－7＝7

所以，如以 $_Z^AX$ 代表一个质量数为 A、质子数为 Z 的原子，那么，组成该原子的粒子间的关系可表示如下：

$$原子\ (_Z^AX)\begin{cases}原子核\begin{cases}质子\quad Z\ 个\\中子\ (A-Z)\ 个\end{cases}\\核外电子\qquad Z\ 个\end{cases}$$

做中学	$_{16}^{32}$S原子中含有＿＿＿＿＿个质子，＿＿＿＿＿个中子，＿＿＿＿＿个电子；质量数是＿＿＿＿。

知识拓展

科学研究证明，同种元素的原子中，质子数相同，但中子数不一定相同。我们把质子数相同，而中子数不同的同种元素的不同原子，称为该元素的同位素。$_1^1$H（H、氕）、$_1^2$H（D、氘）和 $_1^3$（T、氚）就是氢元素的三种同位素。

大多数元素都有同位素。例如，铀元素有 $_{92}^{234}$U、$_{92}^{235}$U 和 $_{92}^{238}$U 等多种同位素；碳元素有 $_6^{12}$C、$_6^{13}$C 和 $_6^{14}$C 等几种同位素，其中 $_6^{12}$C 就是我们当作相对原子质量标准的碳原子。许多同位素在日常生活、工农业生产和科学研究中具有重要的用途，例如，$_1^2$H 和 $_1^3$H 是制造氢弹的材料；$_{92}^{235}$U 是制造原子弹的材料和核反应堆的燃料；$_{53}^{131}$I 用于诊断、治疗甲状腺疾病；$_{27}^{60}$Co 用于治疗食道癌、肺癌；在农业上，利用放射性同位素的原子核放射的 γ 射线照射种子，可以筛选、培育出具有早熟、高产、抗病等特点的优良品种；在考古学上，可以根据其中 $_6^{14}$C 的含量推测出动植物遗骸、化

---

* 相对质量是以 ^{12}C 的质量的 1/12 为标准相比较而得的数值（^{12}C 原子的质量是 $1.992\,7\times10^{-26}$ kg）。

石、文物等的年代。此外，利用放射性同位素还可检查金属制品的质量，抑制洋葱、大蒜和马铃薯的发芽等。

总之，同位素在工业、农业、地质、医药卫生、科研与国防等方面的应用非常广泛。

二、原子核外电子的排布

电子是带负电荷的质量很小的粒子，在原子核外的空间作高速运动。在含有多个电子的原子里，电子的能量并不相同，能量低的电子通常在离核较近的区域运动，能量高的电子则在离核较远的区域运动。我们把核外电子运动的不同"区域"，称为电子层，能量最低、离核最近的为第一层，能量较高、离核较远的为第二层，以此类推，并用 $n=1$、2、3、4、5、6、7 表示从内到外的电子层，这 7 个电子层又分别称为 K、L、M、N、O、P、Q 层。核外电子的分层运动，又称核外电子的分层排布。

科学研究证明，核外电子一般总是尽先排布在能量最低的电子层上，然后由内向外，依次排布在能量较高的电子层上（能量最低原理），即核外电子的排布是先排 K 层，K 层排满后，再排 L 层，L 层排满后，再排 M 层。例如，硫原子有 16 个核外电子，首先 K 层排 2 个，L 层排 8 个，剩余 6 个排入 M 层。表 1-1 列出了核电荷数 1~18 的元素原子核外电子的排布情况，表 1-2 列出了稀有气体元素原子核外电子的排布情况。

表 1-1 核电荷数 1~18 的元素原子核外电子的排布

核电荷数	元素名称	元素符号	各电子层的电子数		
			K	L	M
1	氢	H	1		
2	氦	He	2		
3	锂	Li	2	1	
4	铍	Be	2	2	
5	硼	B	2	3	
6	碳	C	2	4	
7	氮	N	2	5	
8	氧	O	2	6	
9	氟	F	2	7	
10	氖	Ne	2	8	
11	钠	Na	2	8	1
12	镁	Mg	2	8	2
13	铝	Al	2	8	3
14	硅	Si	2	8	4
15	磷	P	2	8	5
16	硫	S	2	8	6
17	氯	Cl	2	8	7
18	氩	Ar	2	8	8

表 1-2　稀有气体元素原子核外电子的排布

核电荷数	元素名称	元素符号	各电子层的电子数					
			K	L	M	N	O	P
2	氦	He	2					
10	氖	Ne	2	8				
18	氩	Ar	2	8	8			
36	氪	Kr	2	8	18	8		
54	氙	Xe	2	8	18	18	8	
86	氡	Rn	2	8	18	32	18	8

从表 1-1、表 1-2 可以看出，原子核外电子的排布是有一定规律的：

① 各电子层最多容纳的电子数是 $2n^2$ 个（n 为电子层数），即 K 层最多容纳的电子数为 $2 \times 1^2 = 2$ 个；L 层最多可容纳 $2 \times 2^2 = 8$ 个；M 层最多可容纳 $2 \times 3^2 = 18$ 个；以此类推。

② 最外层电子数不超过 8 个（K 层为最外层时，不超过 2 个）；次外层的电子数不超过 18 个，倒数第三层的电子数不超过 32 个。

以上这些规律是相互联系的，不能孤立地理解。

三、元素周期律与元素周期表

1. 元素周期律

通过对元素原子结构的认识，我们初步了解了原子核外电子的排布规律。为了研究元素之间的相互关系和内在规律，人们把按照核电荷数由小到大的顺序给元素编号，这个序号称为元素的**原子序数**。

将元素按照核电荷数由小到大的顺序排列起来，结果发现，元素的原子半径、元素的主要化合价、金属性和非金属性等呈现周期性变化。表 1-3 列出了 1~18 号元素原子的核外电子排布、原子半径和主要化合价。

表 1-3　1~18 号元素原子的核外电子排布、原子半径和主要化合价

原子序数	1		2
元素名称	氢		氦
元素符号	H		He
核外电子排布	) 1		) 2
原子半径*	0.037		0.122
主要化合价	+1		0

（续）

原子序数	3	4	5	6	7	8	9	10
元素名称	锂	铍	硼	碳	氮	氧	氟	氖
元素符号	Li	Be	B	C	N	O	F	Ne
核外电子排布	2 1	2 2	2 3	2 4	2 5	2 6	2 7	2 8
原子半径*	0.152	0.089	0.082	0.077	0.075	0.074	0.071	0.160
主要化合价	+1	+2	+3	+4 −4	+5 −3	−2	−1	0
原子序数	11	12	13	14	15	16	17	18
元素名称	钠	镁	铝	硅	磷	硫	氯	氩
元素符号	Na	Mg	Al	Si	P	S	Cl	Ar
核外电子排布	2 8 1	2 8 2	2 8 3	2 8 4	2 8 5	2 8 6	2 8 7	2 8 8
原子半径*	0.186	0.160	0.143	0.117	0.110	0.102	0.099	0.191
主要化合价	+1	+2	+3	+4 −4	+5 −3	+6 −2	+7 −1	0

* 单位为 nm，1 nm＝10^{-9}m。

（1）核外电子排布的周期性变化。

实践活动

　　请根据表 1-3 中所列数据，填写下表，并请归纳出：随着元素核电荷数的依次递增，元素原子的核外电子排布的变化规律。

原子序数	电子层数	最外层电子数的变化		
1～2		从_____个递增到_____个，达到_____结构		
3～10		从_____个递增到_____个，达到_____结构		
11～18		从_____个递增到_____个，达到_____结构		

　　人们对 18 号以后的元素继续研究表明，每隔一定数目的元素，最外层电子数都会重复出现上述特征，即从 1 个递增到 8 个。也就是说，随着原子序数的递增，元素原子的最外层电子排布呈现周期性的变化。

　　（2）原子半径的周期性变化。

实践活动

　　请根据表 1-3 中所列数据，填写下表，并请归纳出：随着元素核电荷数的依次递增，元素的原子半径的变化规律。

原子序数	电子层数	原子半径的变化
3～9		由＿＿＿＿＿nm 递减到＿＿＿＿＿nm
11～17		由＿＿＿＿＿nm 递减到＿＿＿＿＿nm

如果继续研究 18 号以后的元素，不难发现，随着原子序数的递增，元素的原子半径都会重复出现上述特征，即由大到小，依次递减。也就是说，随着原子序数的递增，元素的原子半径呈现周期性变化。如图 1-1 所示。

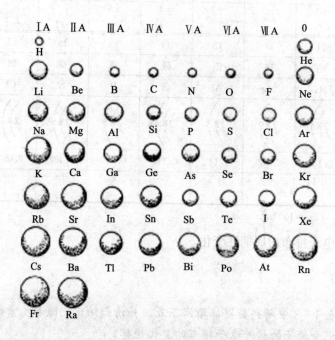

图 1-1 元素原子半径的变化

（3）元素主要化合价的周期性变化。

从表 1-3 可以看出，原子序数从 11 号元素到 18 号元素，其主要化合价的变化在极大程度上重复着从 3 号到 10 号元素所表现的化合价变化，即正价从 +1 价递变到 +7 价（氧和氟除外），从中部开始出现负价，从 -4 价递变到 -1 价。如果继续研究 18 号以后的元素，也发现有相似的变化，也就是说，随着原子序数的递增，元素的主要化合价呈现周期性的变化。

通过上面的观察可以看到，元素原子的核外电子排布、原子半径和主要化合价等元素的性质都与原子序数的递增有着密切的关系。根据大量实验事实，可以归纳出一条重要规律，就是**元素的性质随着原子序数的递增而呈周期性的变化**。这个规律称为**元素周期律**。这是俄国化学家门捷列夫（图 1-2）于 1869 年在总结前人工作的基础上归纳出来的。

元素周期律反映了各种元素之间的内在联系和性质变

图 1-2 门捷列夫

化的规律，使人们认识到元素之间不是彼此孤立、没有联系的，而是一个有规律的、变化着的完整体系。

2. 元素周期表

根据元素周期律，人们把现在已知的 100 余种元素中，将电子层数相同的各种元素按原子序数递增的顺序，从左到右排成横行；把不同横行中最外层电子数相同的元素，按电子层数递增的顺序自上而下排成纵行，这样排成的表称为**元素周期表**。

化学简史

1869 年，为找到一种合乎逻辑的方式对当时已发现的 60 多种元素之间内在的联系和规律，圣彼得堡大学化学教授门捷列夫在批判和继承前人工作的基础上，通过对大量事实进行分析和概括，成功地对元素进行了分类，并发现了元素的性质随着原子序数的递增而呈现周期性变化的规律（即元素周期律）。他还根据这一规律编制了第一张元素周期表。

随着原子结构理论的不断发展和新元素的发现，元素周期律和元素周期表逐步发展为现在的形式。元素周期律的发现和元素周期表的编制，强有力地论证了量变到质变的规律，是人类能动的认识世界的一个光辉范例，对化学科学的发展具有十分重要的影响。

（1）周期。

元素周期表共有 7 个横行，每个横行称为一个**周期**，即元素周期表中共有 7 个周期。其中，第 1、2、3 周期所含元素较少，分别为 2、8、8 种，称为**短周期**；第 4、5、6 周期所含元素较多，分别为 18、18、32 种，称为**长周期**；第 7 周期还没有填满，称为**不完全周期**。

元素周期表中，除第 1 和第 7 周期外，每个周期的元素都是从碱金属元素开始，到稀有气体元素结束。元素所在周期的序数与其电子层结构有如下关系：

周期序数＝电子层数

第六周期中从 57 号镧（La）到 71 号镥（Lu）共 15 种元素，原子结构和性质极为相似，总称为镧系元素。第七周期中从 89 号锕（Ac）到 103 号铹（Lr）共 15 种，总称为锕系元素。为使元素周期表的结构紧凑，将镧系元素和锕系元素在周期表中各占一格排布。

（2）族。

周期表中有 18 个纵行，除第 8、9、10 三个纵行为一族，其余 15 个纵行，每个纵行为一族。也就是说，周期表中共有 16 个族。其中：

主族 由短周期元素和长周期元素共同构成的族，称为主族。周期表中共有 7

个主族，分别用ⅠA、ⅡA、…、ⅦA表示。主族的序数与元素原子的电子层结构有如下关系：

主族序数＝最外层电子数

副族 完全是由长周期元素构成的族，称为副族。周期表中共有7个副族，分别用ⅠB、ⅡB、…、ⅦB表示。

零族 由稀有气体元素构成的族称为零族，这是因为稀有气体元素的化学性质很不活泼，通常把它们的化合价看做是零。周期表中有1个零族，用"0"表示。

第Ⅷ族 由第8、9、10三个纵行的元素构成的族，称为第Ⅷ族，用"Ⅷ"表示。

 化学与生活

人体营养所需的矿物质元素，一部分来自食物中的动植物组织，一部分来自饮水和食盐。按其含量多少，食品中的矿物质元素可分为常量元素和微量元素两大类，通常，含量在0.01%以上的矿物质元素称为常量元素，例如，钾、钠、钙、镁、磷、氯、硫等；含量低于0.01%的元素称为微量元素，例如铁、铜、锌、锰、碘、硒等。目前，已知有14种微量元素是人体营养所必需的，它们在体内的含量很小，但在生命活动过程中的作用是十分重要的。

（3）周期表中元素性质的递变规律。

金属性是指金属元素的原子失去电子形成阳离子的性质。通常用这些元素的单质跟水或酸起反应置换出氢的难易程度，以及形成最高正价氧化物对应的水化物的碱性强弱，来判断元素金属性的强弱。

非金属性是指元素的原子获得电子形成阴离子的性质。通常用其单质跟氢气生成气态氢化物的难易，或它的最高正价氧化物对应的水化物的酸性强弱，来判断元素非金属性的强弱。

在同一周期中，从左到右随着核电荷数的递增，原子半径逐渐变小，原子核对外层电子的引力逐渐增大，失去电子的能力逐渐减弱，得电子的能力逐渐增强。因此，元素金属性逐渐减弱，例如，$Na>Mg>Al$；非金属性逐渐增强，例如，$P<S<Cl$。金属元素的最高价氧化物对应的水化物的碱性逐渐减弱，例如，$NaOH>Mg(OH)_2>Al(OH)_3$；非金属元素的最高价氧化物对应的水化物的酸性逐渐增强，例如，$H_3PO_4<H_2SO_4<HClO_4$（高氯酸）。

同一主族的元素，从上到下随着电子层数逐渐增多，原子半径逐渐增大，得电子的能力逐渐减弱，失电子的能力逐渐增强。因此，元素的非金属性逐渐减弱，金属性逐渐增强。例如，第ⅠA族元素，金属性$Li<Na<K$，其氧化物对应的水化物的碱性$LiOH<NaOH<KOH$；第ⅤA族元素，非金属性$N>P$，其最高价氧化物对应的水化物的酸性$HNO_3>H_3PO_4$。主族元素金属性和非金属性的递变规律，见表1－4。

表1-4 主族元素金属性和非金属性的递变

族 周期	ⅠA	ⅡA	ⅢA	ⅣA	ⅤA	ⅥA	ⅦA

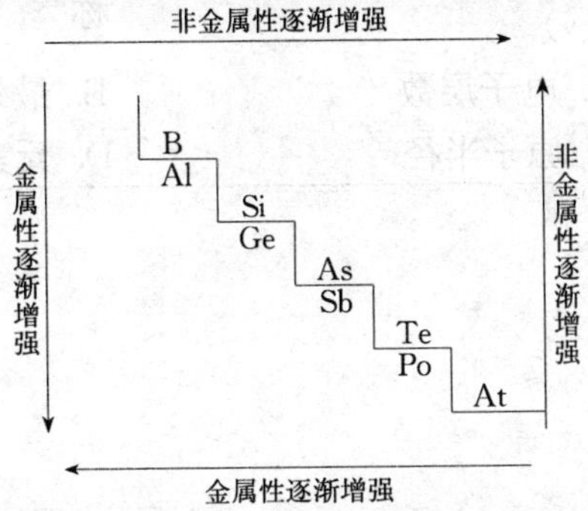

从表1-4可以看出，沿着硼、硅、砷、碲、砹跟铝、锗、锑、钋之间划有一条折线，折线左下面的是金属元素，折线右上面的是非金属元素。

（4）周期表中元素化合价的递变规律。

元素的化合价和原子的电子层结构，特别是与最外层的电子数目关系密切。通常，我们将元素原子的最外层电子，称为**价电子**。有些元素（副族）的价电子除最外层电子外，还与次外层上的电子，甚至包括倒数第三层的部分电子有关。元素的价电子全部失去后所表现出的化合价，称为最高正价。各主族元素的价电子数和化合价的关系见表1-5。

表1-5 各主族元素的价电子数和化合价的关系

主 族	ⅠA	ⅡA	ⅢA	ⅣA	ⅤA	ⅥA	ⅦA
价电子数	1	2	3	4	5	6	7
最高正价	+1	+2	+3	+4	+5	+6	+7
负化合价				-4	-3	-2	-1

从表1-5可以看出：

主族元素的最高正化合价＝主族的序数
非金属元素的负化合价＝最高正化合价－8

显然，元素的性质是由原子结构决定的。元素在周期表中的位置，反映了该元素的原子结构和元素的一定性质。因此，可以根据某元素在周期表中的位置，推测它的原子结构和性质；也可根据元素的原子结构，推断它在周期表中的位置。

【例题】已知某元素的原子序数为17，试推断该元素在周期表中处于第几周期、哪一主族，是什么元素？

解：该元素原子结构示意图为：⊕17 2 8 7。可知，该元素原子核外有3个电子层，最外层电子数是7。

根据周期序数＝电子层数，主族序数＝最外层电子数，可以推断该元素在周期表中处于第三周期的第ⅦA族，该元素是氯，是典型的非金属元素。

学中做	原子序数 11～17 号的元素，随核电荷数的递增而逐渐变小的是（　　）。 A. 电子层数　　　　　　　　B. 最外层电子数 C. 原子半径　　　　　　　　D. 元素最高化合价

学中做	下列描述各组元素性质的递变规律，不正确的是（　　　）。 A. Li、Be、B 的最外层电子数依次增加 B. P、S、Cl 元素的最高正化合价依次增大 C. N、O、F 原子半径依次增大 D. Na、K、Rb 金属性依次增强

四、化学键

到目前为止，人们已发现和合成了数千万种物质。那么，为什么仅仅 100 多种元素的原子能够形成这么多形形色色的物质呢？这说明直接相邻的原子（或离子）以及非直接相邻的原子（或离子）之间存在着一定的相互作用。我们将分子中相邻原子之间强烈的相互作用，称为**化学键**。化学键的主要类型有离子键、共价键等。

1. 离子键

我们知道，金属钠可以在氯气中发生剧烈燃烧，生成氯化钠（NaCl）。

$$2Na+Cl_2 \xrightarrow{\text{点燃}} 2NaCl$$

氯原子和钠原子得失电子后，都形成了稳定的结构。钠离子与氯离子之间除了有静电相互吸引的作用外，还有电子与电子、原子核与原子核之间的相互排斥作用。当吸引与排斥作用达到平衡时，Na^+、Cl^- 离子之间就形成了稳定的化学键（图 1-3）。氯化钠的形成示意见图 1-3。

在化学反应中，一般都是原子的最外层电子参与反应。为描述方便，我们可以在元素符号的周围用小黑点（或×）来表示原子的最外层电子，这样的式子称为**电子式**。例如，Na、Mg、H、Cl 等原子的电子式如下：

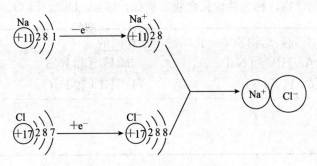

图 1-3 氯化钠的形成示意

$$Na \cdot \qquad \cdot Mg \cdot \qquad H \times \qquad : \overset{\cdot\cdot}{\underset{\cdot\cdot}{Cl}} :$$

氯化钠的形成过程用电子式可表示为：

$$Na^{\times} + \cdot \overset{\cdot\cdot}{\underset{\cdot\cdot}{Cl}} : \longrightarrow Na^+ \left[\overset{\cdot\cdot}{\underset{\cdot\cdot}{\times} Cl} : \right]^-$$

像氯化钠那样，由阴、阳离子通过静电作用所形成的化学键，称为**离子键**。由离子键结合成的化合物，称为**离子化合物**。

活泼的金属（如钾、钠、钙等）与活泼的非金属（如氯、溴、氧等）化合时，都能形成离子键。绝大多数盐类、强碱类和部分金属氧化物都是离子化合物，如 KCl、$MgSO_4$、$NaOH$、CaO 等。

做中学	下列各组是元素的原子序数，其中能以离子键相互结合成稳定化合物的是（ ）。 A. 10 与 19　　B. 6 与 16　　C. 11 与 17　　D. 14 与 8

2. 共价键

活泼的金属与活泼的非金属化合时，能形成离子键。那么，非金属之间相互化合时的情况又如何呢？以两个氢原子结合形成一个氢分子为例：

$$H + H \longrightarrow H_2$$

当两个氢原子相互作用时，由于它们得失电子的能力相同，都不能失去或得到电子，只有各提供 1 个电子，形成一个共用电子对（H∶H），为两个氢原子所共用，使两个氢原子都达到稳定结构。

氢分子的形成过程用电子式可表示如下：

$$H \cdot + \cdot H \longrightarrow H \colon H$$

在化学上，通常用一根短线（—）表示 1 个共用电子对，因此氢分子又可表示为 $H-H$。

像氢分子那样，原子间通过共用电子对所形成的化学键，称为**共价键**。由共价键结合而成的化合物，称为**共价化合物**。例如，CO_2、HCl、H_2O、NH_3 等。

做中学	下列各组物质中，化学键类型相同的是（　　）。 A. HBr 和 $NaBr$ 　　　　　　B. H_2S 和 K_2S C. F_2 和 KI 　　　　　　　　D. HCl 和 H_2O

知识拓展

由于同种原子吸引电子的能力相同，共用电子对不偏向任何一个原子，这种共价键称为**非极性共价键**，简称非极性键。例如，H_2、Cl_2、N_2 等分子中的共价键都是非极性键。而不同种原子吸引电子的能力不同，共用电子对偏向吸引电子能力较强的原子而偏离吸引电子能力较弱的原子，因此，吸引电子能力较强的原子就带部分负电荷，吸引电子能力较弱的原子就带部分正电荷，这种共价键称为**极性共价键**，简称极性键。例如，HCl、H_2O、NH_3 等分子中的共价键都是极性键。

第二节 氧化还原反应

氧化还原反应在生产、生活中有着广泛的应用。例如，动植物体内的代谢过程、土壤中某些元素存在状态的转化、金属冶炼、基本化工原料和成品的生产等，都离不开氧化还原反应。

一、氧化反应和还原反应

在初中化学里，已经学过在加热条件下氢气能与氧化铜（CuO）发生反应，并把铜从氧化铜中置换出来。反应式为：

$$CuO + H_2 \xrightarrow{\triangle} Cu + H_2O$$

反应中，氧化铜失去氧变成了单质铜，发生了还原反应，反应中铜元素的化合价从 $+2$ 价降低到 0 价；氢气得到了氧化铜中的氧变成了水，发生了氧化反应，反应中氢元素的化合价从 0 价升高到 $+1$ 价。像氢气与氧化铜之间的反应，就称为氧化还原反应。

那么，是不是只有得氧、失氧的反应才是氧化还原反应呢？以钠在氯气中燃烧的反应为例，反应式为：

$$2Na + Cl_2 \xrightarrow{点燃} 2NaCl$$

反应中，钠元素的化合价从 0 价升高到 $+1$ 价，氯元素的化合价从 0 价降低到 -1 价。虽然没有得氧和失氧的过程，但本质上与氢气还原氧化铜的反应是相同的，都属于氧化还原反应，它们的特征都是参加反应的物质中某些元素的化合价发生了改变。其中，元素化合价升高（表现为原子或离子失去电子）的反应称为**氧化反应**，元素化合价降低（表现为原子或离子得到电子）的反应称为**还原反应**。因此，我们把有元素化合价升降的化学反应，称为**氧化还原反应**。

在氧化还原反应中，得电子总数等于失电子总数。

二、氧化剂和还原剂

在氧化还原反应中，凡是失去电子（或共用电子对偏离）的物质是**还原剂**，反应时，它所含元素的化合价升高；凡能得到电子（或共用电子对偏向）的物质是**氧化剂**，反应时，它所含元素的化合价降低。

例如：

$$Cu+4HNO_3（浓）== Cu(NO_3)_2+2NO_2\uparrow+2H_2O$$

$$H_2+Cl_2 \xrightarrow{点燃} 2HCl$$

在上述反应中，Cu 和 H_2 都是还原剂，HNO_3 和 Cl_2 都是氧化剂。

氧化还原反应中，常见的氧化剂有 O_2、$KClO_3$、$KMnO_4$、$K_2Cr_2O_7$、浓 H_2SO_4、HNO_3、$FeCl_3$ 等；常见的还原剂有 Na、Mg、Al、C、H_2、CO 等。氧化剂、还原剂的性质变化列于表 1-6。

表 1-6 氧化剂、还原剂的性质变化

反应物	氧化剂	还原剂
电子转移	得电子（或电子对偏向）	失电子（或电子对偏离）
化合价变化	化合价降低	化合价升高
表现性质	氧化性	还原性
反应过程	被还原	被氧化
自身发生的反应	还原反应	氧化反应

做中学	判断反应 $Zn+H_2SO_4（稀）== ZnSO_4+H_2\uparrow$ 是不是氧化还原反应？如是，则什么元素被氧化？什么元素被还原？哪种物质是氧化剂？哪种物质是还原剂？

知识拓展

1990 年，国际纯粹化学和应用化学联合会（IUPAC）给氧化数的定义是：元素的氧化数是该元素一个原子的核电荷数，这种核电荷数是人为地将成键电子指定给电负性较大的原子而求得的。确定氧化数规则如下：

(1) 单质分子中，元素的氧化数为零。

(2) 一般情况下，含氧化合物中氧的氧化数为 -2，过氧化物（如 Na_2O_2、

H_2O_2）中氧的氧化数为-1，超氧化物（如 KO_2）中氧的氧化数为$-1/2$。

（3）一般来说，含氢化合物中氢的氧化数为$+1$，但在金属氢化物中氢的氧化数为-1。

（4）对于单原子离子来说，元素的氧化数等于它所带电荷数。例如，Fe^{2+} 的氧化数为$+2$；而对复杂离子中各元素氧化数的代数和等于离子所带的电荷数，例如，NO_3^- 中氮的氧化数为$+5$，氧的氧化数为-2。

（5）中性分子中，所有原子的氧化数代数和等于零。

氧化数和化合价是两个不同的概念，但两者在数值上是相等的。化合价是指元素相互结合时原子数之比。氧化数不一定是整数，而化合价只能是整数。

本章小结

一、物质结构

1. 原子的组成

$$原子（{}^A_Z X）\begin{cases} 原子核\begin{cases} 质子\quad Z\ 个 \\ 中子（A-Z）\ 个 \end{cases} \\ 核外电子\qquad Z\ 个 \end{cases}$$

核电荷数（Z）＝核内质子数＝核外电子数

质量数（A）＝质子数（Z）＋中子数（N）

2. 原子核外电子的排布

在含有多个电子的原子中，核外电子是分层排布的。从内到外，依次是 1、2、3、4、5、6、7 层，这 7 个电子层又分别称为 K、L、M、N、O、P、Q 层。原子核外电子的排布是有一定规律的。

3. 元素周期律和元素周期表

元素的性质随着元素原子序数的递增而呈周期性的变化，这个规律称为元素周期律。元素周期表是元素周期律的具体表现形式。

$$元素周期表\begin{cases} 周期\begin{cases} 短周期：第 1、2、3 周期 \\ 长周期：第 4、5、6 周期 \\ 不完全周期：第 7 周期 \end{cases} \\ 族\begin{cases} 主族：IA～VIIA \\ 副族：IB～VIIB \\ 零族：稀有气体元素 \\ 第VIII族：第 8、9、10 三个纵行组成 \end{cases} \end{cases}$$

周期序数＝电子层数

主族序数＝最外层电子数

金属性是指金属元素的原子失去电子形成阳离子的性质。非金属性是指元素的原子获得电子形成阴离子的性质。同一周期的元素，从左到右随着核电荷数的递增，金属性逐渐减弱，非金属性逐渐增强。同一主族的元素，从上到下随着电子层数逐渐增多，非金属性逐渐减弱，金属性逐渐增强。

4. 化学键

分子中相邻原子之间强烈的相互作用，称为化学键。

化学键 $\begin{cases} 离子键：阴、阳离子通过静电作用形成，如 NaCl。 \\ 共价键：原子间通过共用电子对形成，如 HCl。 \end{cases}$

二、氧化还原反应

1. 氧化反应和还原反应

氧化还原反应的特征是参加反应的物质中某些元素的化合价发生了改变。其中，元素化合价升高（表现为原子或离子失去电子）的反应称为氧化反应，元素化合价降低（表现为原子或离子得到电子）的反应称为还原反应。有元素化合价升降的化学反应，称为氧化还原反应。

在氧化还原反应中，得电子总数等于失电子总数。

2. 氧化剂和还原剂

氧化还原反应中，凡是失去电子（或共用电子对偏离）的物质是还原剂，反应时，元素的化合价升高；凡能得到电子（或共用电子对偏向）的物质是氧化剂，反应时，元素的化合价降低。

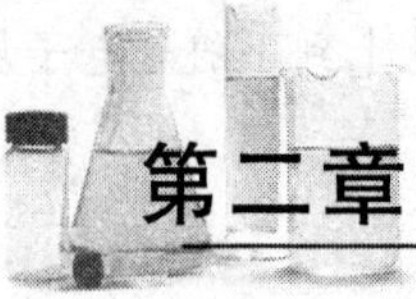

第二章　溶液与胶体

◀学习目标▶

知识目标

1. 了解溶液的质量浓度，掌握物质的量及其单位，理解物质的量浓度；

2. 了解化学反应速率及其表示法，理解影响化学反应速率与化学平衡移动的因素；

3. 了解弱电解质的电离平衡，理解水的离子积和溶液的pH；

4. 了解离子反应、盐类水解、缓冲溶液的缓冲作用及胶体的性质。

能力目标

1. 理解化学反应中各物质之间物质的量的比例关系，学会简单计算；

2. 掌握物质的量浓度溶液的配制技术。

溶液和胶体在自然界中普遍存在，与人类的生产与生命活动关系密切。例如，海洋是最大的水溶液体系，而云、雾、石油、土壤以及植物体内的细胞液汁等都是胶体。初中化学中，已经学过一种或一种以上的物质分散在另一种物质中，所得的均一、稳定的体系称为溶液。其中，能溶解其他物质的物质称为溶剂，被溶解的物质称为溶质。本章主要讨论以水作溶剂的溶液、弱电解质的解离平衡，以及胶体的基本知识。

第一节　溶液组成的表示方法

溶液的浓度是指一定量的溶液或溶剂中所含溶质的量。它可以用不同的方法来表示，其中最常用的方法有以下几种：

一、质量浓度

单位体积的溶液中所含溶质B的质量，称为溶质B的质量浓度，用符号 $\rho(\mathrm{B})$ 表示。

$$\rho(\mathrm{B})=\frac{m(\mathrm{B})}{V}$$

质量浓度 $\rho(\mathrm{B})$ 的常用单位 kg/L、g/L、mg/mL 等。质量浓度主要用于表示浓度较低的标准溶液或指示剂溶液，如 $\rho(\mathrm{Cu^{2+}})=4\ \mathrm{mg/mL}$，$\rho(\text{酚酞})=10\ \mathrm{g/L}$。

【例题1】将4 g氢氧化钠（NaOH）溶于水中，制成250 mL NaOH溶液，则该溶液的质量浓度是多少？

解：已知 $m(NaOH)=4$ g，$V=250$ mL $=0.25$ L

$$\rho(NaOH)=\frac{m(NaOH)}{V}=\frac{4 \text{ g}}{0.25 \text{ L}}=16 \text{ g/L}$$

答：该溶液的质量浓度为 16 g/L。

	欲配制 5 g/L $KMnO_4$ 溶液 250 mL，需称取固体 $KMnO_4$ 多少克？
学中做	

二、质量分数

溶液中溶质 B 的质量 $m(B)$ 与溶液的质量 m 之比，称为溶液中溶质 B 的质量分数，用符号 $w(B)$ 表示。

$$w(B)=\frac{m(B)}{m}$$

三、物质的量浓度

1. 物质的量

物质之间发生化学反应，是肉眼看不见的、难以称量的原子、分子、离子等微观粒子按一定的数目关系进行的，也是可称量的物质之间按一定的质量关系进行的。那么，如何把反应中的粒子与可称量的物质联系起来呢？

物质的量是把一定数目的分子、原子、离子等微观粒子与可称量的物质联系起来的一个物理量，是国际单位制中 7 个基本量之一，符号为 n。1971 年，第 14 届国际计量大会决定用摩尔作为计量原子、分子或离子等微观粒子的单位，即物质的量的单位为摩尔，简称摩，符号为 mol。

根据国际单位制的规定：1 mol 的任何物质所含的粒子数和 0.012 kg ^{12}C 中所含的碳原子数相等。科学实验测得，0.012 kg ^{12}C 中所含的碳原子数约为 6.02×10^{23} 个，即 1 mol 任何物质所含的微粒数都约为 6.02×10^{23}，这个数值称为**阿伏伽德罗常数**，用符号 N_A 表示。也就是说，任何含有 6.02×10^{23} 个粒子的集合体，它的物质的量就是 1 mol。

例如，1 mol H 中约含有 6.02×10^{23} 个氢原子；

1 mol Fe 中约含有 6.02×10^{23} 个铁原子；

1 mol H_2O 中约含有 6.02×10^{23} 个水分子；

1 mol H^+ 中约含有 6.02×10^{23} 个氢离子；

1 mol NaCl 中约含有 6.02×10^{23} 个钠离子和 6.02×10^{23} 个氯离子。

物质的量 (n)、阿伏伽德罗常数 (N_A) 与微粒数 (N) 之间存在着下述关系：

$$n=\frac{N}{N_A} \tag{1}$$

使用摩尔在表示物质的量时，应用化学式指明粒子的种类。例如，1 mol Cl_2、3 mol N、0.5 mol Na^+等。

学中做	(1) 2 mol O_2 含有_____个 O_2 分子； (2) 含有 3.01×10^{23} 个 H_2O 分子的水，其物质的量为_____mol。

化学简史

　　意大利物理学家阿伏伽德罗 1776 年 8 月出生于意大利都灵市，他在总结英国化学家道尔顿和法国化学家盖·吕萨克科学研究的基础上，于 1811 年提出了他的分子假说（后称阿伏伽德罗定律），即"同体积的气体，在温度、压强都相同时，含有相同数目的分子。"然而，在他提出这一分子学说后的 50 年里，并没有受到大多数科学家所接受，分子学说遭到了冷遇。一直到 1864 年，《近代化学理论》一书的出版，许多科学家从这本书里懂得并接受了阿伏伽德罗理论，从而使得分子理论获得了很快的发展。可此时，阿伏伽德罗已经病故。

　　现在，阿伏伽德罗理论已被视为定律，阿伏伽德罗常数即 1 摩尔任何物质所含的微粒数都是 6.02×10^{23}，在物理和化学科学领域，是一个十分重要的常数，并将永远与阿伏伽德罗及其对科学的贡献联系在一起。

2. 摩尔质量

　　单位物质的量的物质所具有的质量，称为摩尔质量，符号 M，单位是 g/mol。因此，摩尔质量也可理解为：1 mol 物质所具有的质量。

　　根据相关计算得出，任何物质的摩尔质量，如果以 g/mol 为单位，数值上就等于该物质的相对原子质量或相对分子质量。

　　例如，Fe 的相对原子质量为 56，则 H_2 的摩尔质量 $M(Fe)=56$ g/mol；
H_2 的相对分子质量为 2.016，则 H_2 的摩尔质量 $M(H_2)=2.016$ g/mol；
CO_2 的相对分子质量为 44，则 CO_2 的摩尔质量 $M(CO_2)=44$ g/mol；
NaOH 的相对分子质量为 40，则 NaOH 的摩尔质量 $M(NaOH)=40$ g/mol。

　　用物质的量表示离子的质量时，由于电子的质量极其微小，失去或得到的电子的质量可以忽略不计。因此，对于离子来说，离子的摩尔质量若以 g/mol 为单位，其数值就等于组成该离子的各原子的相对原子质量之和。例如，Na^+ 的摩尔质量 $M(Na^+)=23$ g/mol，OH^- 的摩尔质量 $M(OH^-)=17$ g/mol。

　　物质的量（n）、物质的质量（m）和物质的摩尔质量（M）之间的关系为：

$$n=\frac{m}{M}$$

　　　　　　　　　　　　　　　　　　　　　　　　　　　　　　　　　　（2）

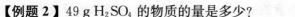

【例题 2】 49 g H_2SO_4 的物质的量是多少?

解: H_2SO_4 的相对分子质量为 98,所以 H_2SO_4 的摩尔质量 $M(H_2SO_4)=98$ g/mol。

由式（2）可知

$$n(H_2SO_4)=\frac{m(H_2SO_4)}{M(H_2SO_4)}=\frac{49\ g}{98\ mol/L}=0.5\ mol$$

答: 49 g H_2SO_4 的物质的量是 0.5 mol。

【例题 3】 4 mol 铜原子的质量是多少克?

解: 已知 Cu 的相对原子质量是 63.5,所以

$$M(Cu)=63.5\ g/mol$$

根据式（2）可知,

$$\begin{aligned}m(Cu)&=n(Cu)\times M(Cu)\\&=4\ mol\times 63.5\ g/mol\\&=254\ g\end{aligned}$$

答: 4 mol 铜原子的质量是 254 g。

【例题 4】 54 g 水中含有多少个水分子?

解: 已知 $M(H_2O)=18$ g/mol

由式（1）、（2）,可得 $n=\dfrac{m}{M}=\dfrac{N}{N_A}$

所以,

$$N(H_2O)=\frac{m(H_2O)}{M(H_2O)}N_A=\frac{54\ g}{18\ g/mol}\times 6.02\times 10^{23}个/mol=1.806\times 10^{24}个$$

答: 54 g 水中含有 1.806×10^{24} 个水分子。

	5 mol 二氧化碳（CO_2）的质量是多少克?
学中做	

	2 g 氢氧化钠（NaOH）中含有多少个钠离子（Na^+）和氢氧根离子（OH^-）?
学中做	
	想一想: 19 g 氯化镁（$MgCl_2$）中含有多少个氯离子（Cl^-）?

在化学方程式中，物质的量的引入，为研究各物质之间的数量关系提供了方便。反应式中，反应物和生成物之间的系数比，除表示各物质之间的微粒个数比及质量关系之外，还表示各物质间物质的量的关系比。这在以后的化学计算中将有重要作用。

例如：

$$N_2 + 3H_2 \xrightarrow{\text{高温}} 2NH_3$$

微粒数之比　　　　　　　1　：　3　：　2
质量之比　　　　　　　28　：　6　：　34
物质的量之比　　　1 mol：3 mol：2 mol

【例题5】 多少克碳酸钙（$CaCO_3$）与足量盐酸反应，能生成 0.5 mol 的 CO_2？

解： 根据化学方程式

$$CaCO_3 + 2HCl == CaCl_2 + H_2O + CO_2\uparrow$$

　　　　　　1 mol　　　　　　　　　1 mol
　　　　$n(CaCO_3)$　　　　　　　0.5 mol
　　　　1 mol：$n(CaCO_3)$＝1 mol：0.5 mol

可得　　　　　　$n(CaCO_3)=0.5$ mol

根据式（2）可知，

$$m(CaCO_3) = n(CaCO_3) \times M(CaCO_3)$$
$$= 0.5 \text{ mol} \times 100 \text{ g/mol}$$
$$= 50 \text{ g}$$

答： 50 g $CaCO_3$ 与足量盐酸作用，能生成 0.5 mol 的 CO_2。

学中做	6.5 g Zn 与足量盐酸溶液发生反应，可得到多少克 H_2？多少摩尔 $ZnCl_2$？ （反应式：$Zn + 2HCl == ZnCl_2 + H_2\uparrow$）

3. 物质的量浓度

以单位体积（V）的溶液中所含溶质 B 的物质的量 $n(B)$ 来表示的溶液浓度，称为溶质 B 的物质的量浓度，用符号 $c(B)$ 表示，单位 mol/L。表示为：

$$c(B) = \frac{n(B)}{V} \tag{3}$$

也就是说，如果在 1 L 水溶液中含有氢氧化钠（NaOH）的物质的量是 0.5 mol，那么该溶液的物质的量浓度 $c(NaOH)$ 就是 0.5 mol/L。

【例题6】 将 4 g NaOH 溶于水中配成 250 mL 溶液，试计算该 NaOH 溶液的物质的量浓度。

解：由式（2），4 g NaOH 的物质的量为

$$n(NaOH) = \frac{m(NaOH)}{M(NaOH)} = \frac{4\ g}{40\ g/mol} = 0.1\ mol$$

根据式（3），则

$$c(NaOH) = \frac{n(NaOH)}{V} = \frac{0.1\ mol}{250 \times 10^{-3}\ L} = 0.4\ mol/L$$

答：该 NaOH 溶液的物质的量浓度为 0.4 mol/L。

【例题 7】配制 0.2 mol/L CuCl₂ 溶液 500 mL，需称取 CuCl₂ 固体多少克？

解：由式（3）可知，500 mL 0.2 mol/L CuCl₂ 溶液中含有 CuCl₂ 的物质的量为：

$$n(CuCl_2) = c(CuCl_2) \cdot V = 0.2\ mol/L \times 0.5\ L = 0.1\ mol$$

根据式（2），则 CuCl₂ 的质量为

$$\begin{aligned} m(CuCl_2) &= n(CuCl_2) \times M(CuCl_2) \\ &= 0.1\ mol \times 134.5\ g/mol \\ &= 13.45\ g \end{aligned}$$

答：配制 0.2 mol/L CuCl₂ 溶液 500 mL，需称取 CuCl₂ 固体 13.45 g。

欲配制 0.5 mol/L NaCl 溶液 250 mL，应称取固体 NaCl 多少克？

学中做

实践活动

配制 0.2 mol/L NaCl 溶液 250 mL。

（1）计算。

根据例题 7 和上述"学中做"，计算出所需 NaCl 固体的质量：

_____

_____

_____

（2）称量。

根据计算结果，用托盘天平*称取所需质量的固体 NaCl。

---

* 严格地讲，称取固体应使用分析天平或电子天平。

（3）溶解。

将称量好的固体 NaCl 放入小烧杯中，加适量蒸馏水，用玻璃棒搅拌，使之完全溶解（图 2-1a）。

（4）转移。

将此溶液沿玻璃棒小心注入 250 mL 容量瓶中，用少量蒸馏水洗涤烧杯内壁和玻璃棒 2～3 次，并将洗涤液也转入容量瓶中，轻摇，混匀（图 2-1b、c）。

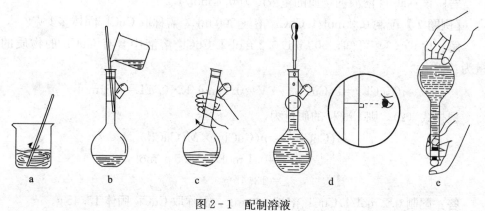

图 2-1　配制溶液

（5）定容。

继续向容量瓶中注入蒸馏水，直到液面接近容量瓶刻度线以下 1～2 cm 处，静置 1～2 min 后，改用胶头滴管继续滴加蒸馏水至溶液的凹液面正好与刻度线相切（图 2-1d）。

（6）摇匀。

盖上容量瓶塞，一手紧压瓶塞，另一手握住瓶底（图 2-1e），反复上下颠倒，使溶液充分混匀。

溶液配好后应倒入试剂瓶中保存。通常，先用少量该溶液将干燥、洁净的试剂瓶洗涤 2～3 次，然后将剩余溶液全部注入试剂瓶中，盖上瓶塞，贴上标签。

容量瓶是细颈梨形的平底玻璃瓶，带有磨口玻璃塞或塑料塞，瓶颈部刻有一环形标线，表示在所指温度下液体充满至标线时的容积。容量瓶主要用来把精密称量的物质配制成准确浓度的溶液，或将准确体积的浓溶液稀释成一定体积的稀溶液。

容量瓶使用前，应检查是否漏水。方法是：往容量瓶中加水至标线，塞紧瓶塞，一手食指按住塞子，另一手指尖顶住瓶底边缘，将瓶倒立 2 min，观察瓶塞周围是否有水渗出。如无水渗出，将瓶直立，把塞子旋转 180° 后，再倒立、检漏。如仍不漏水，则可使用。

洗涤容量瓶的方法是：将瓶内水分流尽，倒入少量洗液或合成洗涤剂，转动容量瓶使洗液润洗全部内壁；放置数分钟后，将洗液倒回原瓶；再依次用自来水冲洗，蒸馏水淋洗。

中和 0.5 L 0.5 mol/L NaOH 溶液，需要 1 mol/L H_2SO_4 溶液多少升？

（反应式：$2NaOH+H_2SO_4\!=\!=\!=\!Na_2SO_4+2H_2O$）

学中做

用水稀释浓溶液时，溶液的体积发生了变化，但溶液中所含溶质的物质的量不变。也就是说，在浓溶液稀释前后，溶液中溶质的物质的量不变。即：

$$n=c(浓)\cdot V(浓)=c(稀)\cdot V(稀) \qquad (4)$$

【例题 8】 将 25 mL 0.1 mol/L $KMnO_4$ 溶液稀释至 0.02 mol/L 的 $KMnO_4$ 溶液，该稀溶液的体积是多少毫升？

解： 已知 $c(浓)=0.1$ mol/L，$V(浓)=25$ mL，$c(稀)=0.02$ mol/L

由式（4），可知

$$V_2=\frac{0.1\ \text{mol/L}\times25\ \text{mL}}{0.02\ \text{mol/L}}=125\ \text{mL}$$

答： 所得溶液的体积为 125 mL。

将 1 mol/L H_2SO_4 溶液 5 mL 稀释到 25 mL 后，从中取出 10 mL，则此 10 mL 稀 H_2SO_4 的浓度是（　　　）。

A. 0.1 mol/L　　　　　　　　B. 0.2 mol/L

C. 0.3 mol/L　　　　　　　　D. 0.4 mol/L

学中做

欲配制 0.2 mol/L H_2SO_4 溶液 250 mL，需市售浓硫酸多少毫升？（已知，市售浓硫酸的物质的量浓度为 18.4 mol/L）

学中做

🧪 **实践活动**

> 配制 0.1 mol/L HCl 溶液 500 mL。已知，市售浓盐酸的物质的量浓度为 12 mol/L。

（1）计算配制 0.1 mol/L HCl 溶液 500 mL 所需市售浓盐酸的体积。

_____

_____

_____

（2）用量筒量取所需体积的浓盐酸，倒入盛有 20 mL 蒸馏水的烧杯中，用玻璃棒搅匀。

（3）按上次实践活动"250 mL 0.2 mol/L NaCl 溶液的配制"中（4）～（6）操作，将上述溶液沿玻璃棒转移至容量瓶中，然后用蒸馏水定容，摇匀后，转入洗净干燥的试剂瓶中，贴上标签，保存。

第二节　化学平衡

物质世界每时每刻都在发生着化学反应，在生产和生活中，人们总是希望选择最佳的反应条件，以加快所需要的化学反应。例如，氯酸钾（$KClO_3$）分解制取氧气时，需要加热且用二氧化锰（MnO_2）作催化剂；工业合成氨时，需要高温、高压和催化剂等条件。同时，我们也不希望钢铁很快被锈蚀、塑料和橡胶很快老化、食品和药品很快变质等。如何选择和控制反应条件呢？这就涉及两个方面的问题：一是化学反应进行的快慢，即化学反应速率的问题；另一个是化学反应进行的方向和限度，即化学平衡问题。了解这两个方面对指导生产和生活实践具有重要意义。

一、化学反应速率

1. 化学反应速率及其表示法

化学反应有快有慢，有些化学反应进行的很快，瞬间就能完成，如酸碱中和反应；而有些反应则进行得很慢，例如铁生锈、石油的形成等。化学反应速率是用来衡量化学反应快慢的物理量，通常用单位时间内反应物浓度的减少或生成物浓度的增加来表示，常用单位是 mol/(L·s) 或 mol/(L·min)。

$$化学反应速率（v）= \frac{浓度的变化（\Delta c）}{变化所需的时间（\Delta t）}$$

例如，在某一瞬间，某一反应物的浓度为 2 mol/L，经过 5 min 后，该反应物的浓度变为 1.8 mol/L，也就是说，该反应物的浓度减少了 0.2 mol/L，则该反应物的反应速率为 0.04 mol/(L·min)。

做中学	在反应 $2SO_2 + O_2 \rightleftharpoons 2SO_3$ 中，若 2 min 内 SO_2 的浓度由 6 mol/L 下降到 2 mol/L，那么用 SO_2 的浓度变化表示的反应速率为 _____；若用 O_2 的浓度变化表示该反应速率为 _____。

2. 影响化学反应速率的因素

化学反应速率的大小首先取决于物质的本性。例如，室温下，金属钾和水能剧烈反应，而金属铁和水的反应就相当缓慢。一般来说，影响化学反应速率的因素主要有浓度、温度、压强和催化剂等。

（1）浓度对化学反应速率的影响。

做中学	取 a、b 两支试管，在 a 管中加入 0.1 mol/L 硫代硫酸钠（$Na_2S_2O_3$）溶液 4 mL，在 b 管中加入 0.1 mol/L $Na_2S_2O_3$ 溶液 2 mL 和蒸馏水 2 mL，摇匀。另取 2 支试管，分别加入 0.1 mol/L H_2SO_4 溶液 4 mL，然后分别将这 2 支试管中的 H_2SO_4 溶液同时倒入 a、b 两支试管中，振荡，观察有无混浊出现，并记录混浊出现的时间。（反应式：$Na_2S_2O_3 + H_2SO_4 = Na_2SO_4 + SO_2\uparrow + S\downarrow + H_2O$）
	（1）a、b 两支试管中，_____（填有或无）混浊出现。（2）a 试管中出现混浊的时间比 b 试管中出现混浊的时间要_____（填长或短），混浊度比 b 试管中要_____（填深或浅）。

实践证明：当其他条件不变时，增大反应物的浓度，会加快化学反应速率；减少反应物的浓度，会减慢化学反应速率。

（2）温度对化学反应速率的影响。

做中学	取 a、b 两支试管，各加入 0.1 mol/L $Na_2S_2O_3$ 溶液 4 mL。另取 2 支试管各加入 4 mL 0.1 mol/L H_2SO_4，然后把 4 支试管交叉分为两组（各有 1 支盛有 0.1 mol/L $Na_2S_2O_3$ 溶液和 0.1 mol/L H_2SO_4 溶液的试管）。将一组试管放入冷水中，另一组放入热水中，2 min 后同时分别将两组试管里的溶液，振荡，观察现象。
	结果表明：插在_____（填热或冷）水中的两种溶液混合后首先变混浊。

温度对化学反应速率有显著影响，且影响比较复杂。大多数化学反应随温度升高，化学反应速率加快。一般来说，温度每升高 10 ℃，化学反应速率增大 2～4 倍。

> 在生产上，通常采用加热的方法来加快化学反应速率；而生活中，常用降温的方法来减缓食品、药品变质的速率。

（3）催化剂对化学反应速率的影响。

催化剂是指能改变化学反应速率，而本身的组成、质量和化学性质在化学反应前后都没有改变的物质。能加快化学反应速率的催化剂称为正催化剂；减慢反应速率的催化剂称为负催化剂。一般所说的催化剂是指正催化剂。

做中学	取 1 支试管，加入 5 mL 1‰过氧化氢（H_2O_2）溶液；取 1 支玻璃棒，用水蘸湿一端，粘少量的 MnO_2 粉末伸入试管中，观察现象。 （反应式：$2H_2O_2 = 2H_2O + O_2\uparrow$）
	（1）反应 _____ （填剧烈或缓慢）进行，_____ （填有或无）气体逸出；如有气体逸出，该气体用带有火星的木条试验，木条 _____ （填可或不）复燃。 （2）如果反应进行剧烈，说明加入的 MnO_2 起到了 _____ 作用。

> 催化剂在现代化工生产中起着十分重要的作用，在石油加工、硝酸、硫酸和合成氨的生产过程中，都离不开催化剂的作用。在生物体内，许多生物化学反应也是在酶（也称生物催化剂）的作用下进行的。但是，催化剂的催化作用是有选择性的，某种催化剂只能对某些特定的反应有催化作用，而对其他反应则不起作用。

（4）压强对化学反应速率的影响。

对于有气体参加的反应，增大压强，就是增加单位体积里反应物的浓度，因而可以加快化学反应速率；减小压强，气体体积扩大，反应物浓度减小，则化学反应速率减慢。图 2-2 为压强与气体浓度关系示意。

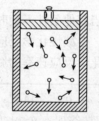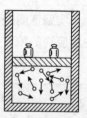

图 2-2 压强与气体浓度关系示意

影响化学反应速率的因素很多，除了浓度、温度、催化剂、压强（有气态物质参加的反应）外，光、超声波、电磁波、反应物的颗粒大小、粒子扩散速率以及反应溶剂等也是影响化学反应速率的一些重要因素。

二、化学平衡

1. 可逆反应与不可逆反应

有些反应，在一定条件下一旦发生，就能不断反应，直到反应物完全变成生成物。例如，氯酸钾加热分解反应，完全生成氯化钾和氧气。但在同样条件下，氯化钾和氧气却不能反应生成氯酸钾。这种只能向一个方向进行的单向反应称为**不可逆反应**。

但是，大多数反应都与之不同。例如

$$CO+H_2O \underset{}{\overset{高温}{\rightleftharpoons}} CO_2+H_2$$

在高温下，将一氧化碳（CO）与水蒸气混合，可生成二氧化碳（CO_2）和氢气（一般把从左向右进行的反应称为正反应）；同时，二氧化碳和氢气也可反应生成一氧化碳和水蒸气（把从右向左进行的反应称为**逆反应**）。像这种在同一条件下，既能向正反应方向进行，又能向逆反应方向进行的反应，称为**可逆反应**。

2. 化学平衡

可逆反应在密闭的容器中往往不能进行到底，即反应物不能完全变成生成物。例如，可逆反应

$$CO+H_2O \underset{}{\overset{高温}{\rightleftharpoons}} CO_2+H_2$$

当反应开始时，CO 和 $H_2O(g)$ 的浓度很高，正反应速率很大，逆反应速率近似为零。随着反应的进行，反应物 CO 和 $H_2O(g)$ 不断消耗，其浓度逐渐减小，正反应速率逐渐减慢；与此同时，随着正反应的进行，生成物 CO_2 和 H_2 浓度逐渐增大，逆反应速率也逐渐增大。当反应进行到一定程度，即正反应速率与逆反应速率相等时，反应达到了平衡状态（图 2-3）。通常，把这种状态称为**化学平衡**。

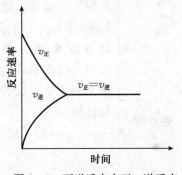

图 2-3 可逆反应中正、逆反应速率变化示意

化学平衡具有以下两个特征：

① 化学平衡是一种动态平衡。当反应达到平衡时，正反应和逆反应仍在继续进行，只是正、逆反应速率相等，反应物与生成物的浓度不再随着时间发生变化，也就是说，单位时间内，反应物因正反应消耗的分子数等于由逆反应生成的分子数。因此，体系中反应物和生成物的浓度不再改变。

② 化学平衡是相对的、有条件的。当外界条件发生变化时，原有的平衡即被破坏，直到在新的条件下，建立起新的平衡。

知识拓展

实验表明，在一定温度下，可逆反应达到化学平衡时，各物质浓度相对稳定，生成物浓度的幂乘积与反应物浓度的幂乘积之比是一个常数，该常数称为**化学平衡常数**。以可逆反应 $mA+nB \rightleftharpoons pC+qD$ 为例，当反应达到平衡时，其化学平衡常数（K）可表示为：

$$K=\frac{[C]^p[D]^q}{[A]^m[B]^n}$$

式中的 [A]、[B]、[C]、[D] 为平衡时反应物和生成物的物质的量浓度，p、

q、m、n 为方程式中各相应化学式前面的系数。

化学平衡常数 K 值的大小，表明反应按正向进行程度的大小。K 值越大，表明达到平衡时，反应物转化为生成物的程度越大，即正反应进行得越彻底。反之，K 值越小，反应物转化为生成物的程度越小，即正反应进行的程度越小。

对于一个特定的可逆反应，不同温度下，化学平衡常数有不同的数值。但当温度一定时，K 值就一定，它不受浓度变化的影响。

----

3. 化学平衡的移动

化学平衡是相对的、暂时的、有条件的。当外界条件改变时，正、逆反应速率不再相等，原来的平衡被破坏，直到在新的条件下建立起新的平衡。这种因条件变化，化学反应从一个平衡状态转变到另一个平衡状态的过程，称为**化学平衡的移动**。

（1）浓度对化学平衡的影响。

做中学	取 1 支试管，滴加 10 mL 0.01 mol/L 氯化铁（$FeCl_3$）溶液和 $1\sim$ 2 滴 0.1 mol/L 硫氰化钾（KSCN）溶液，溶液立即变成血红色。将此溶液平均分装在 3 支试管中，往第 1 支试管中滴加 5 滴 0.01 mol/L $FeCl_3$ 溶液，第 2 支试管中滴入 5 滴 0.1 mol/L KCNS 溶液。观察 2 支试管中溶液颜色的变化，并与第 3 支试管中溶液颜色相比较。 　　　　　［反应式：$Fe^{3+} + 3SCN^- \Longrightarrow Fe(SCN)_3$］ 　　　　　　　　　　　　　　　　　　　　血红色
	实验表明：与第 3 支试管中溶液颜色相比较，第 1、2 支试管中溶液颜色变＿＿＿＿＿（填深或浅），说明往试管中另加入 $FeCl_3$ 溶液或 KSCN 溶液后，化学平衡向＿＿＿＿＿（填左或右）移动。

大量实验表明，对于一个已达平衡状态的反应，**若其他条件不变，增大反应物浓度或减小生成物浓度，都可以使平衡向着正反应方向移动；增大生成物浓度或减小反应物浓度，都可以使化学平衡向逆反应方向移动。**

（2）压强对化学平衡的影响。

对于有气体参加的可逆反应达到平衡状态时，只要反应前后气体的总体积（或气体的分子总数）不相等，则改变压强会使化学平衡发生移动。例如，在一定条件下，NO_2 和 N_2O_4 发生可逆反应

$$2NO_2(g) \Longrightarrow N_2O_4(g)$$

　　　　　　　　红棕色　　　　　无色

一定条件下达到化学平衡时，如果把气体的压强增大，则气体的体积将减少，各气体物质的浓度都相应的增大，混合气体的颜色先变深，然后逐渐变浅，说明平

衡向正反应（气体分子数减少）的方向移动；若减少气体的压强，则气体的体积将增大，各气体物质的浓度都相应的减少，混合气体的颜色先变浅又逐渐变深，说明平衡向逆反应（气体分子数增多）的方向移动。由此可见，**在其他条件不变的情况下，增大压强，化学平衡向气体体积缩小的方向移动；减小压强，化学平衡向气体体积增大的方向移动。**

学中做	在反应 $mA(s) + nB(g) \rightleftharpoons dD(g) + eE(g)$ 到达平衡后，增大体系压强，平衡右移。下列关系成立的是（ ）。 A. $m+n < d+e$ 　　　　B. $m+n > d+e$ C. $m+n = d+e$ 　　　　D. $n > d+e$

对于只涉及固体或液体的反应，压强的影响极其微弱，可以不予考虑。对于反应前后气态物质系数不变的可逆反应，改变压强，能够同等程度地改变正反应速率和逆反应速率，化学平衡不移动。例如，一定条件下的可逆反应：

$$2HI(g) \rightleftharpoons H_2(g) + I_2(g)$$
$$CO(g) + H_2O(g) \rightleftharpoons CO_2(g) + H_2(g)$$

（3）温度对化学平衡的影响。

做中学	将充有 NO_2 与 N_2O_4 平衡混合气体平衡仪的两球分别置于盛有热水（左）和冰水（右）的烧杯中，观察现象。 [可逆反应：$2NO_2(g) \rightleftharpoons N_2O_4(g) + Q$] 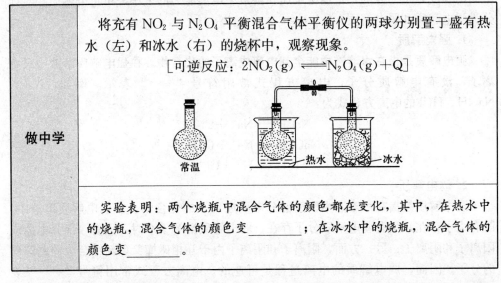
	实验表明：两个烧瓶中混合气体的颜色都在变化，其中，在热水中的烧瓶，混合气体的颜色变＿＿＿＿＿；在冰水中的烧瓶，混合气体的颜色变＿＿＿＿＿。

由此可见，**在其他条件不变时，升高温度，平衡向吸热反应方向移动；降低温度，平衡向放热反应方向移动。**

学中做	可逆反应 $C(s)+H_2O(g) \rightleftharpoons CO(g)+H_2(g)-Q$（表示正反应为吸热反应）达平衡状态时，若降低温度，则化学平衡向（　　）移动。 A. 正反应方向　　　　B. 逆反应方向 C. 没有　　　　　　　D. 无法判断

催化剂能够改变化学反应速率，但不能使化学平衡移动。因为对于可逆反应，催化剂能够同等地加快正反应和逆反应的速率，因此催化剂不能使化学平衡移动。但是，使用催化剂能够缩短反应达到平衡所需要的时间。所以，在生产实践中经常利用催化剂加快反应速率，提高生产效率。

综上对化学平衡移动的影响因素，可以归纳出化学平衡移动的原理：在一个已达到平衡的体系中，若改变影响平衡的一个条件（如浓度、压强或温度等），平衡就向能够减弱这种改变的方向移动。这个原理称为吕·查德里原理。

第三节　电解质溶液

一、强电解质和弱电解质

凡是在水溶液里或熔化状态下能够导电的化合物称为电解质。电解质在溶液里电离的程度是不一样的，根据电解质在溶液中电离能力的大小，可将电解质相对地分为强电解质和弱电解质。

1. 强电解质

强电解质是指在水溶液中能全部电离成离子的化合物。在强电解质溶液中只有离子，没有电解质分子，电离方程式常用符号"$=\!=$"表示。例如，NaCl、NaOH、HCl 的电离方程式为：

$$NaCl =\!= Na^+ + Cl^-$$
$$NaOH =\!= Na^+ + OH^-$$
$$HCl =\!= H^+ + Cl^-$$

2. 弱电解质

弱电解质是指在水溶液中仅能部分电离成离子的化合物。在弱电解质溶液中，既有离子存在，又有弱电解质分子存在。弱电解质溶解于水时，只有一部分电离成阳离子和阴离子；另一方面，阳离子和阴离子由于互相碰撞又重新结合成弱电解质的分子。因而，弱电解质的电离过程是可逆的。电离方程式常用符号"$\rightleftharpoons$"表示。例如，CH_3COOH（简写 HAc）、$NH_3 \cdot H_2O$ 的电离方程式为：

$$HAc \rightleftharpoons H^+ + Ac^-$$

$$NH_3 \cdot H_2O \Longrightarrow NH_4^+ + OH^-$$

弱酸、弱碱和水都属于弱电解质。像醋酸和氨水在水溶液里只有很少一部分电离成离子，大部分是未电离的分子，所以它们的导电能力弱。

二、弱电解质的电离平衡

1. 电离平衡

弱电解质的电离是一个可逆过程。例如：可逆反应

$$HAc \Longrightarrow H^+ + Ac^-$$

一方面，HAc 不断地电离成 H^+ 和 Ac^-；另一方面，H^+ 和 Ac^- 又重新结合成 HAc。在一定条件下，当分子电离成离子的速率和离子重新结合成分子的速率相等时，电离过程就达到了平衡状态，称为**弱电解质的电离平衡**。电离平衡与其他化学平衡一样，也是动态平衡，此时的平衡常数，称为**电离平衡常数**（简称**电离常数**）。通常，弱酸的电离常数用 K_a 表示；弱碱的电离常数用 K_b 表示。例如：

一元弱酸 HAc 的电离平衡式：

$$HAc \Longrightarrow H^+ + Ac^-$$

其电离常数 K_a 可表示为：

$$K_a = \frac{[H^+][Ac^-]}{[HAc]}$$

一元弱碱 $NH_3 \cdot H_2O$ 的电离平衡式：

$$NH_3 \cdot H_2O \Longrightarrow NH_4^+ + OH^-$$

其电离常数 K_b 可表示为：

$$K_b = \frac{[NH_4^+][OH^-]}{[NH_3 \cdot H_2O]}$$

式中，$[H^+]$、$[OH^-]$、$[Ac^-]$、$[NH_4^+]$ 分别表示电离平衡时溶液中有关离子的物质的量浓度，$[HAc]$、$[NH_3 \cdot H_2O]$ 分别表示平衡时未电离的一元弱酸 HAc 和一元弱碱 $NH_3 \cdot H_2O$ 的物质的量浓度。

电离常数反映了弱电解质的电离能力，即电解质的相对强弱，其值越大，表明电离程度越大。例如，25 ℃时，弱电解质醋酸（HAc）、氢氰酸（HCN）的电离常数分别为 1.79×10^{-5} mol/L、4.93×10^{-10} mol/L，说明醋酸的酸性比氢氰酸强。表 2-1 列出了常见的几种弱电解质的电离常数。

知识拓展

多元弱酸在水溶液中的电离是分步进行的，各步电离都可达到平衡，且又相互影响，也有相应的电离常数。例如：

$$H_2CO_3 \Longrightarrow H^+ + HCO_3^-$$

$$K_{a_1} = \frac{[H^+][HCO_3^-]}{[H_2CO_3]} = 4.2 \times 10^{-7}$$

$$HCO_3^- \Longrightarrow H^+ + CO_3^{2-}$$

$$K_{a_2} = \frac{[H^+][CO_3^{2-}]}{[HCO_3^-]} = 5.6 \times 10^{-11}$$

可以看出，第一步的电离常数比第二步的电离常数要大得多，因此，多元弱酸的酸性主要由第一步电离所决定。

表 2-1 常见几种弱电解质的电离常数（25 ℃）

电解质	化学式	电离常数
醋 酸	HAc	$K_a = 1.79 \times 10^{-5}$
氢氰酸	HCN	$K_a = 4.93 \times 10^{-10}$
氢氟酸	HF	$K_a = 3.53 \times 10^{-4}$
氨 水	$NH_3 \cdot H_2O$	$K_b = 1.79 \times 10^{-5}$
碳 酸	H_2CO_3	$K_{a_1} = 4.3 \times 10^{-7}$ $K_{a_2} = 5.6 \times 10^{-11}$
亚硫酸	H_2SO_3	$K_{a_1} = 1.54 \times 10^{-2}$ (18 ℃) $K_{a_2} = 1.02 \times 10^{-7}$ (18 ℃)
氢硫酸	H_2S	$K_{a_1} = 9.1 \times 10^{-8}$ (18 ℃) $K_{a_2} = 1.1 \times 10^{-12}$ (18 ℃)
磷 酸	H_3PO_4	$K_{a_1} = 7.52 \times 10^{-3}$ $K_{a_2} = 6.23 \times 10^{-8}$ $K_{a_3} = 2.2 \times 10^{-13}$

2. 电离度

不同的弱电解质在水溶液中的电离程度是不相同的，其电离程度的大小还可用电离度来表示。所谓电离度，是指在一定条件下，弱电解质在水中的电离达到平衡状态时，已电离的弱电解质的分子数占原有弱电解质分子总数的百分率，用符号 α 表示。

$$\alpha = \frac{\text{已电离的弱电解质分子数}}{\text{溶液中原有弱电解质分子总数}} \times 100\%$$

电离度的大小主要与电解质的本性有关，其次与溶液的浓度、温度等有关。电离度越小，电解质越弱；对于同一弱电解质，溶液越稀，电离度越大。例如，在 25 ℃时，0.1 mol/L HAc的电离度为 1.33%，0.01 mol/L HAc 的电离度为 4.2%。

弱电解质电离时，一般需要吸收热量，所以温度升高，电离度略有增大。

三、水的电离与溶液的 pH

1. 水的电离和水的离子积

精确的实验证明，纯水是一种很弱的电解质，它能微弱地电离出 H^+ 和 OH^-。水的电离方程式为：

$$H_2O \rightleftharpoons H^+ + OH^-$$

电离平衡时，电离常数表达式为：

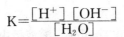

$$K=\frac{[H^+][OH^-]}{[H_2O]}$$

实验测得，在 25 ℃时，每升水中只有 10^{-7} mol 的水分子电离，也就是说，1 L 纯水中电离出的 H^+ 和 OH^- 分别是 10^{-7} mol，即电离达到平衡时，

$$[H^+]=[OH^-]=10^{-7} \text{mol/L}$$

由于水的电离程度极小，相对 1 L 水来说，已电离部分可以忽略不计。因此，可以把电离前后 $[H_2O]$ 看做定值，所以 $[H^+]$ 与 $[OH^-]$ 的乘积也是一个常数，常用 K_w 表示。即

$$[H^+][OH^-]=K\cdot[H_2O]=K_w$$

K_w 是水中 $[H^+]$ 和 $[OH^-]$ 的乘积。通常，我们把 K_w 称为**水的离子积常数**，简称水的离子积。

K_w 只随温度的升高而增大。例如，25 ℃时，$K_w=[H^+][OH^-]=1.0\times10^{-14}$ mol/L；100 ℃时，$K_w=[H^+][OH^-]=1.0\times10^{-12}$ mol/L。

2. 溶液的酸碱性和溶液 pH

实验进一步证明，在一定温度下，不仅纯水中，$[H^+]$ 和 $[OH^-]$ 的乘积是一个常数，而且在酸性或碱性的稀的水溶液中，$[H^+]$ 和 $[OH^-]$ 的乘积也是一个常数，即在 25 ℃时，$[H^+][OH^-]=1.0\times10^{-14}$ mol/L。也就是说，在酸性溶液中不是没有 OH^-，只是含有的 H^+ 多一些；在碱性溶液中也不是没有 H^+，只是含有的 OH^- 多一些。

【例题 9】 计算 25 ℃时，0.1 mol/L 盐酸溶液中 H^+ 和 OH^- 的物质的量浓度。

解： 由于盐酸是强电解质，在水溶液中发生如下电离：

$$HCl=\!\!=\!\!=H^++Cl^-$$

可知，$[H^+]=[Cl^-]=0.1$ mol/L

已知，25 ℃时，$[H^+][OH^-]=1.0\times10^{-14}$ mol/L，所以

$$[OH^-]=\frac{1.0\times10^{-14}}{[H^+]}=\frac{1.0\times10^{-14}}{0.1}=1.0\times10^{-13} \text{mol/L}$$

答： 25 ℃时，该溶液中 H^+ 和 OH^- 的物质的量浓度分别是 0.1 mol/L、1.0×10^{-13} mol/L。

学中做	计算 25 ℃时，0.1 mol/L 氢氧化钠（NaOH）溶液中 H^+ 和 OH^- 物质的量浓度。

常温下，溶液的酸碱性主要由溶液中 H^+ 和 OH^- 浓度的相对大小来决定，它

们之间的关系可以表示为：

$[H^+] = [OH^-] = 1×10^{-7} mol/L$，溶液呈中性；

$[H^+] > [OH^-]$，$[H^+] > 1×10^{-7} mol/L$，溶液呈酸性，且 $[H^+]$ 越大，酸性越强；

$[H^+] < [OH^-]$，$[H^+] < 1×10^{-7} mol/L$，溶液呈碱性，且 $[OH^-]$ 越大，碱性越强。

利用 $[H^+]$ 的大小，可以表示溶液的酸碱性。但是，如果 $[H^+]$ 的数值很小，用物质的量浓度表示就很不方便。在化学上，通常采用 $[H^+]$ **的负对数来表示溶液的酸碱性，这个值称为溶液的 pH。**

$$pH = -lg [H^+]$$

例如，$[H^+] = 0.1 mol/L$，则 $pH = -lg 0.1 = 1$

$[H^+] = 1.0×10^{-7} mol/L$，则 $pH = -lg 1.0×10^{-7} = 7$

$[H^+] = 1.0×10^{-12} mol/L$，则 $pH = -lg 1.0×10^{-12} = 12$

室温下，溶液的酸碱性与 pH 的关系是：

中性溶液：$[H^+] = [OH^-] = 1×10^{-7} mol/L$，$pH = 7$

酸性溶液：$[H^+] > [OH^-]$，$[H^+] > 1.0×10^{-7}$，$pH < 7$

碱性溶液：$[H^+] < [OH^-]$，$[H^+] < 1.0×10^{-7}$，$pH > 7$

$[H^+]$ 和 pH 与溶液酸碱性之间的关系，如图 2-4 所示。可以看出，溶液的酸性越强，pH 越小；溶液的碱性越强，pH 越大。溶液的 pH 每相差 1 个单位，$[H^+]$ 就相差 10 倍。

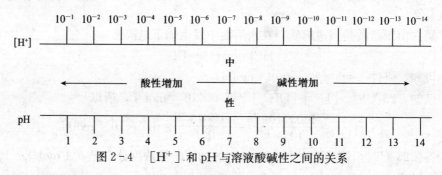

图 2-4　$[H^+]$ 和 pH 与溶液酸碱性之间的关系

化学与生活

日常生活中，人们吃的水果，喝的饮料，你知道它们的酸碱性吗？

食物名称	pH	食物名称	pH	食物名称	pH
草 莓	3.0～3.5	香 蕉	4.5～4.7	牛 奶	6.3～6.6
梨	3.6～4.0	番 茄	4.0～4.4	饮用水	6.5～8.0
苹 果	2.9～3.3	萝 卜	5.2～5.6	食 醋	2.4～3.4
葡 萄	3.5～4.5	柑 橘	3.0～4.0	啤 酒	4.0～5.0

学中做	将下列溶液按酸碱性由强到弱的顺序排列： (1) $[H^+] = 10^{-5}$ mol/L (2) $[OH^-] = 10^{-3}$ mol/L (3) pH=8 (4) pH=2
	酸碱性强弱顺序：_____＞_____＞_____＞_____。 判断理由：

3. 溶液 pH 的测定

溶液 pH 的测定方法很多，通常采用 pH 试纸和酸度计来测定。

(1) pH 试纸。

常用的 pH 试纸有两种：广泛 pH 试纸和精密 pH 试纸。pH 试纸遇不同的酸碱性溶液，显示出不同的颜色。测定时，将待测溶液滴在 pH 试纸上，把试纸显示的颜色与标准比色卡（图 2-5）相对照，即可确定被测溶液的 pH。

(2) 酸度计。

如果需要准确测量溶液的 pH，可使用比较精密的 pH 计（酸度计）。目前常用的有 pHS-25 型酸度计，如图 2-6 所示。

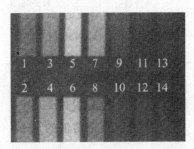

图 2-5 pH 试纸比色卡示意

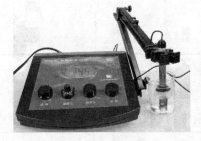

图 2-6 酸度计

实践活动

用 pH 试纸测定溶液 pH。

【实验说明】

pH 试纸遇不同的酸碱性溶液时，可显示一系列不同的颜色。将试纸显示的颜色与标准比色卡相对照，即可确定被测溶液的 pH。该法虽然简便，但不够准确，而且不适用有色溶液或混浊液的 pH 测定。

【仪器与试剂】

(1) 仪器：烧杯。

(2) 试剂：广泛 pH 试纸，0.1 mol/L HCl 溶液，0.1 mol/L NaCl 溶液，0.1 mol/L NaOH 溶液，0.1 mol/L $(NH_4)_2CO_3$ 溶液，0.1 mol/L $Al_2(SO_4)_3$ 溶液。

【实验操作】

取 1 张广泛 pH 试纸分成 5 小片，分别用干净的玻璃棒蘸取 0.1 mol/L HCl 溶液、0.1 mol/L NaCl溶液、0.1 mol/L NaOH 溶液、0.1 mol/L（NH_4）$_2$$CO_3$ 溶液、0.1 mol/L Al_2（SO_4）$_3$溶液和水滴于试纸上，观察试纸颜色变化，并与标准比色卡相比较，确定各溶液的 pH，判断其酸碱性。

【数据记录】

溶液名称	HCl 溶液	NaCl 溶液	NaOH 溶液	（NH_4）$_2$$CO_3$ 溶液	Al_2（SO_4）$_3$ 溶液
溶液 pH					
溶液酸碱性					

🍅 化学与生活

pH 在农业生产中具有重要的意义。在农业生产上，各种作物的生长发育也要求一定的 pH。因此，我们可以根据土壤的 pH 选种适宜的作物，施用适宜的肥料。

作物名称	最适宜 pH	作物名称	最适宜 pH
小 麦	6.3～7.5	花 生	6.5～7.0
水 稻	5.5～7.0	马铃薯	4.8～5.5
高 粱	6.5～7.5	大 豆	6.5～7.5
玉 米	6.5～7.0	棉 花	6.0～8.0

动物的生长发育与体液的 pH 也有着密切的关系，家畜的血液也有一定的 pH，血液的 pH 对酶的活性和激素的作用都具有一定的影响。静脉注射时，注射液的 pH 应与动物血液的 pH 近似。

名 称	猪血液	鸡血液	乳牛血液	马血液	绵羊血液
pH	7.85～7.95	7.45～7.63	7.36～7.50	7.20～7.65	7.32～7.54

第四节　离子反应与离子方程式

一、离子反应和离子方程式

电解质在水溶液中的反应，实质上是离子之间的反应。凡有离子参加的化学反应，称为**离子反应**。例如，硝酸银（$AgNO_3$）溶液滴加到氯化钠（NaCl）溶液中，会发生化学反应。反应式为：

$$AgNO_3 + NaCl \longrightarrow AgCl\downarrow + NaNO_3$$

反应物 $AgNO_3$、NaCl 以及生成物硝酸钠（$NaNO_3$）都是易溶于水的强电解质，在水溶液中全部电离，以离子形式存在；而 $AgCl$ 是难溶物质，仍写成化学式。

$$Ag^+ + NO_3^- + Na^+ + Cl^- =\!=\!= AgCl\downarrow + Na^+ + NO_3^-$$

可以看出，反应中，实际上只有 Ag^+ 和 Cl^- 参加了反应，结合生成难溶于水的 $AgCl$ 沉淀，而 Na^+ 和 NO_3^- 并没有参加反应。即这个反应的实质是：

$$Ag^+ + Cl^- =\!=\!= AgCl\downarrow$$

这种用实际参加反应的离子的符号和化学式来表示离子反应的式子，称为**离子方程式**。

离子方程式不仅可以表示一定物质间的某个反应，而且可以表示所有同一类型的离子反应。例如，

$$HCl + AgNO_3 =\!=\!= HNO_3 + AgCl\downarrow$$

$$BaCl_2 + 2AgNO_3 =\!=\!= Ba(NO_3)_2 + 2AgCl\downarrow$$

上述反应的离子方程式都可写成：

$$Ag^+ + Cl^- =\!=\!= AgCl\downarrow$$

又如，可溶性钡盐与可溶性硫酸盐（或硫酸）在水溶液中反应的实质是 Ba^{2+} 与 SO_4^{2-} 结合生成难溶的硫酸钡（$BaSO_4$），其离子方程式都可写成：

$$Ba^{2+} + SO_4^{2-} =\!=\!= BaSO_4\downarrow$$

下面我们以硫酸铜（$CuSO_4$）溶液和氢氧化钠（$NaOH$）溶液的反应为例，说明书写离子方程式的步骤：

①"写"。正确写出反应的化学方程式。

$$CuSO_4 + 2NaOH =\!=\!= Cu(OH)_2\downarrow + Na_2SO_4$$

②"拆"。把易溶于水的强电解质写成离子形式，把难溶的物质、弱电解质或气体等，仍以化学式表示。

$$Cu^{2+} + SO_4^{2-} + 2Na^+ + 2OH^- =\!=\!= Cu(OH)_2\downarrow + 2Na^+ + SO_4^{2-}$$

③"删"。删去方程式两边未参加反应的离子。

$$Cu^{2+} + \cancel{SO_4^{2-}} + \cancel{2Na^+} + 2OH^- =\!=\!= Cu(OH)_2\downarrow + \cancel{2Na^+} + \cancel{SO_4^{2-}}$$

$$Cu^{2+} + 2OH^- =\!=\!= Cu(OH)_2\downarrow$$

④"查"。检查离子方程式两边各元素的原子个数和电荷总数是否相等。

学中做	把下列化学方程式改写成离子方程式： (1) $NH_4Cl + AgNO_3 =\!=\!= AgCl\downarrow + NH_4NO_3$ (2) $Cu(OH)_2 + 2HCl =\!=\!= CuCl_2 + 2H_2O$

做中学	写出能实现下列反应的化学方程式： (1) $H^+ + OH^- \Longrightarrow H_2O$ (2) $Ca^{2+} + CO_3^{2-} \Longrightarrow CaCO_3 \downarrow$

二、离子反应发生的条件

电解质在溶液中发生离子反应的条件是生成物中有难溶性物质、挥发性物质或难电离的弱电解质；否则，离子反应就不会发生。

1. 生成难溶性物质

例如，$AgNO_3$ 溶液与 KCl 溶液混合时，Ag^+ 和 Cl^- 结合生成难溶的 AgCl 沉淀，离子反应为

$$Ag^+ + Cl^- \Longrightarrow AgCl \downarrow$$

2. 生成难电离的弱电解质

例如，HCl 与 NaOH 溶液混合时，H^+ 与 OH^- 结合生成难电离的 H_2O，离子反应为

$$H^+ + OH^- \Longrightarrow H_2O$$

3. 生成挥发性物质

例如，Na_2CO_3 溶液与稀 H_2SO_4 混合时，H^+ 和 CO_3^{2-} 结合生成的 CO_2 气体，离子反应为

$$CO_3^{2-} + 2H^+ \Longrightarrow CO_2 \uparrow + H_2O$$

只有具备上述三个条件之一，离子反应就能够发生。

做中学	下列离子方程式中，正确的是（　　）。 (1) 稀硫酸滴在铜片上：$Cu + 2H^+ \Longrightarrow Cu^{2+} + H_2 \uparrow$ (2) 硫酸钠溶液与氯化钡溶液混合：$SO_4^{2-} + Ba^{2+} \Longrightarrow BaSO_4 \downarrow$ (3) 盐酸滴在石灰石上：$CaCO_3 + 2H^+ \Longrightarrow Ca^{2+} + H_2CO_3$ (4) 氧化铜与硫酸混合：$Cu^{2+} + SO_4^{2-} \Longrightarrow CuSO_4$

第五节　盐类水解

一、盐类的水解

$NaCl$、$NaAc$、NH_4Cl 等盐都是酸、碱中和的产物，它们在水中既不能电离出

氢离子、也不能电离出氢氧根离子，那么它们的水溶液是否呈中性呢？

<table>
<tr><td>做中学</td><td>取 3 支试管，分别向其中加入少许 NaCl、NaAc、NH$_4$Cl 晶体，各加 3 mL 蒸馏水，振荡使晶体溶解，然后用 pH 试纸分别检验 3 支试管中溶液的酸碱性。</td></tr>
<tr><td></td><td>实验表明：NaCl 溶液呈_____性，NaAc 溶液呈_____性，NH$_4$Cl 溶液呈_____性。</td></tr>
</table>

为什么不同的盐的水溶液会显示出不同的酸碱性呢？这是因为在水溶液中，盐电离出来的离子与水电离产生的 H$^+$ 或 OH$^-$ 结合生成弱电解质，引起水的电离平衡发生移动，从而改变了溶液中的 H$^+$ 或 OH$^-$ 的浓度，使盐溶液呈一定的酸碱性。

1. 强碱弱酸盐的水解

NaAc 是由弱酸 HAc 和强碱 NaOH 反应生成的盐，它在水中全部电离成 Na$^+$ 和 Ac$^-$；同时，水能微弱地电离出 H$^+$ 和 OH$^-$。当这四种离子相遇时，NaAc 电离产生的 Ac$^-$ 可以与 H$_2$O 电离产生的 H$^+$ 结合生成弱电解质 HAc，消耗溶液中的 H$^+$，从而破坏了水的电离平衡，促使水的电离平衡向右移动，于是 OH$^-$ 浓度随着增大，直至建立新的平衡，结果溶液里〔H$^+$〕<〔OH$^-$〕，从而使溶液显碱性。

$$NaAc \Longrightarrow Na^+ + Ac^-$$
$$+$$
$$H_2O \Longrightarrow OH^- + H^+$$
$$\Updownarrow$$
$$HAc$$

上述水解反应可用离子方程式表示：
$$Ac^- + H_2O \Longrightarrow HAc + OH^-$$

这种在溶液中盐的离子跟水电离出来的 H$^+$ 或 OH$^-$ 生成弱电解质的反应，称为盐的水解。

2. 强酸弱碱盐的水解

NH$_4$Cl 是由弱碱 NH$_3\cdot$H$_2$O 和强酸 HCl 反应生成的盐，它在水中全部电离成 NH$_4^+$ 和 Cl$^-$。其中，NH$_4^+$ 可与水电离产生的 OH$^-$ 结合生成弱电解质 NH$_3\cdot$H$_2$O 分子，消耗了溶液中的 OH$^-$，从而破坏了水的电离平衡，促使水的电离平衡向右移动。于是 H$^+$ 浓度随之增大，直至建立新的平衡，结果溶液里〔H$^+$〕>〔OH$^-$〕，从而使溶液显酸性。

$$NH_4Cl \Longrightarrow NH_4^+ + Cl^-$$
$$+$$
$$H_2O \Longrightarrow OH^- + H^+$$
$$\Updownarrow$$
$$NH_3\cdot H_2O$$

上述水解反应可用离子方程式表示：

$$NH_4^+ + H_2O \Longrightarrow NH_3 \cdot H_2O + H^+$$

综上所述，盐的水解反应的实质是盐电离出的弱酸根离子或弱碱根离子和水电离产生的 H^+ 或 OH^- 结合生成难电离的弱酸或弱碱，破坏了水的电离平衡，从而使溶液中 $[H^+]$、$[OH^-]$ 发生改变，使溶液呈现酸性或碱性。

盐类水解程度的大小，主要取决于盐本身的性质。此外，还受溶液的温度、盐的浓度、外加酸或碱等外界条件的影响。盐类水解是吸热反应，加热可促进盐类水解反应的进行。

做中学	由强酸和强碱生成的盐（如 KCl、NaNO₃、Na₂SO₄ 等），其水溶液呈中性。你能说出其中的原因吗？

二、盐类水解的应用

在日常生活、工农业生产和科学实验中，盐类水解应用比较广泛。在日常生活中，用热的纯碱溶液去除油污，用泡沫灭火器灭火等；在农业生产上，酸性土壤宜施用碳铵（NH_4HCO_3），碱性土壤宜施用硝铵（NH_4NO_3）等。

在实验室，配制一些盐溶液时，常由于盐的水解而不能得到澄清的溶液，因而配制时要抑制盐的水解。例如，测定土壤有机质时，需配制一定浓度的 $FeSO_4$ 溶液，但 $FeSO_4$ 在水溶液中能发生水解。

$$FeSO_4 + 2H_2O \Longrightarrow Fe(OH)_2 \downarrow + H_2SO_4$$

因此，为防止 $FeSO_4$ 水解，配制时需加入适量的 H_2SO_4，使平衡向左移动，抑制 $FeSO_4$ 的水解。

 化学与生活

人们在日常生活中经常用到盐类的水解知识。例如，人们常用明矾做净水剂，就是利用 Al^{3+} 水解产生的 $Al(OH)_3$ 胶体可以吸附水中的悬浮物，加速悬浮物的沉降，从而达到净化水的目的；在临床上，治疗酸中毒常使用碳酸氢钠（$NaHCO_3$），这是因为碳酸氢钠水解后呈碱性，起到中和酸的效果；治疗碱中毒时使用氯化铵（NH_4Cl），是利用氯化铵水解后呈酸性；有些药物易水解导致变质、失效，例如，青霉素钠盐和钾盐临床常使用其粉剂，就是为了防止分子中 β-内酰胺环发生水解而失去抗菌活性；泡沫灭火器也是根据盐类的水解的原理设计的，在泡沫灭火器中，分别装有 $NaHCO_3$ 和 $Al_2(SO_4)_3$ 的浓溶液，当二者混合时即发生双水解反应，从而在起泡剂的作用下迅速产生大量泡沫，覆盖在着火物上，达到灭火的目的。

第六节　缓冲溶液

一、缓冲溶液的组成

室温下，纯水是中性的。如果向纯水中加入少量的强酸（如 HCl），溶液即显酸性，pH 降低；反之，如果向纯水中加入少量的强碱（如 NaOH），溶液显碱性，pH 升高。可见，在纯水中加入少量的强酸或强碱，就会引起溶液 pH 发生明显的变化。但是如果向醋酸（HAc）和醋酸钠（NaAc）的混合溶液中加入少量的强酸或强碱，溶液的 pH 几乎保持不变。

做中学	取 1 支试管，分别加入 0.5 mol/L HAc 溶液和 0.5 mol/L NaAc 溶液各 5 mL，摇匀。将上述溶液分装到 3 支试管中，各滴入混合指示剂 2 滴，然后往第 1 支试管中加入 1 滴 0.5 mol/L HCl 溶液，第 2 支试管中加入 1 滴 0.5 mol/L NaOH 溶液，与第 3 支试管中溶液颜色相对照，观察第 1、2 两支试管中溶液颜色的变化。
	实验表明：第 1、2 两支试管中溶液颜色_____变化，说明：加入少量的 HCl 溶液和 NaOH 溶液后，溶液的 pH _____。

这种能够对抗外来少量的强酸或强碱，而保持溶液 pH 几乎不变的溶液，称为**缓冲溶液**，缓冲溶液的这种性质称为缓冲作用。弱酸及其对应的盐（如 HAc-NaAc、H_2CO_3-$NaHCO_3$）、弱碱及其对应的盐（如 $NH_3 \cdot H_2O$-NH_4Cl）、多元弱酸的酸式盐及其对应的次级盐（如 NaH_2PO_4-Na_2HPO_4、$NaHCO_3$-Na_2CO_3）等都可以组成缓冲溶液。

🍅 化学与生活

缓冲体系在农业生产和生物学方面都有着重要的意义。例如，土壤中一般含有碳酸及其盐类、磷酸及其盐类、腐殖质酸及其盐类组成的缓冲对，它们的共同作用，使土壤具有比较稳定的 pH，以利于微生物的正常活动和农作物的生长发育。人体血液中含有 H_2CO_3-$NaHCO_3$、NaH_2PO_4-Na_2HPO_4、血浆蛋白-血浆蛋白盐等缓冲对，使血液的 pH 维持在 7.35～7.45 的正常范围内，如果超出这一范围，机体的酸碱平衡将被打破，严重时可危及人的生命。此外，许多生物体内的反应也需要控制在一定的 pH 范围内进行。

二、缓冲溶液的缓冲作用

现以 HAc—NaAc 缓冲溶液为例。HAc 是弱电解质，电离度较小，在溶液中仅有少部分 HAc 电离生成 H$^+$ 和 Ac$^-$。

$$HAc \rightleftharpoons H^+ + Ac^-$$

如果在 HAc 溶液中加入 NaAc，由于 NaAc 是强电解质，在溶液中全部电离成 Na$^+$ 和 Ac$^-$。

$$NaAc = Na^+ + Ac^-$$

此时，溶液中 Ac$^-$ 的浓度增大，破坏了 HAc 的电离平衡，使 HAc 电离平衡向左移动，降低了 HAc 分子的电离度，于是溶液中存在着大量的 HAc、Ac$^-$（主要来自 NaAc）和少量的 H$^+$（参与 HAc 的电离平衡）。

当向缓冲溶液中加入少量强酸（如 HCl）时，加入的 H$^+$ 即与溶液中的 Ac$^-$ 结合，生成难电离的 HAc，从而使 HAc 的电离平衡向左移动，结果溶液中 H$^+$ 的浓度几乎没有增大，溶液的 pH 几乎没有发生变化。

当向溶液中加入少量的强碱（如 NaOH）时，加入的 OH$^-$ 即与溶液中的 H$^+$ 结合，生成难电离的 H$_2$O，从而使 HAc 的电离平衡向右移动，结果溶液中 OH$^-$ 的浓度几乎没有增大，溶液的 pH 也几乎没有发生变化。

> 缓冲溶液的缓冲能力是有限的。如果向缓冲溶液中加入大量的强酸或强碱，缓冲溶液就会失去缓冲能力。一般来说，组成缓冲对的两种物质的浓度越大，缓冲能力就越大。

缓冲溶液本身所具有的 pH，称为缓冲溶液 pH。配制一定 pH 范围的缓冲溶液，可以通过计算，也可以参考有关化学手册。一般来说，配制 pH＝4～6 的缓冲溶液，可用 HAc - NaAc 的混合液；配制 pH＝6～8 的缓冲溶液，可用 NaH$_2$PO$_4$ - Na$_2$HPO$_4$ 的混合液；配制 pH＝9～11 的缓冲溶液，可用 NH$_3$·H$_2$O - NH$_4$Cl 的混合液。

第七节 胶 体

分散质微粒的直径为 $10^{-9} \sim 10^{-7}$ m 的一种介于溶液和浊液之间的分散系，称为胶体分散系（简称**胶体**）。

> 胶体与工农业生产和日常生活关系密切。例如，土壤胶体有吸附化肥离子的作用，所以施入化肥不易流失。日常生活中人们常说的"点"豆腐，就是指在豆浆中加入盐卤或石膏产生凝胶制成豆腐。
>
> 明矾、氯化铁作净水剂，工业上制肥皂等都应用到胶体的知识。

一、胶体的吸附作用

胶体粒子是由许多分子聚集而成，有较大的总表面积，在胶体粒子和分散剂之间存在着一个界面。由于粒子表面分子引力的不平衡，表面分子可以从与它相接触的物质中吸引其他的粒子，这种表面分子所特有的吸附能力，称为吸附作用。吸附作用产生在界面上，由于胶体粒子具有巨大的总表面积，所以胶体有较强的吸附能力。

胶体在溶液中的吸附，主要有离子选择吸附和离子交换吸附两种形式。固体吸附剂从溶液中选择吸附某种离子的现象称为**离子选择吸附**，即在溶液中，胶体优先选择吸附与它组成有关的离子。以 $AgNO_3$ 和 KI 制备 AgI 溶胶为例，在搅拌下将极稀的 $AgNO_3$ 溶液和 KI 溶液缓慢混合，即可制得 AgI 溶胶，反应如下：

$$AgNO_3 + KI \Longrightarrow AgI(胶体溶液) + KNO_3$$

在形成 AgI 溶胶的过程中，如果 $AgNO_3$ 过量，则溶液中存在 K^+、Ag^+ 和 NO_3^- 离子，由于 AgI 表面的吸附作用，可选择地吸附与其组成相类似且过量的 Ag^+ 离子，从而使 AgI 胶体带正电荷，继而可吸附与 Ag^+ 离子电荷相反的 NO_3^-，即 NO_3^- 聚集在 AgI 表面附近的溶液中，如图 2-7 所示。如果 KI 过量，则溶液中存在 K^+、I^- 和 NO_3^- 离子，AgI 表面优先选择吸附 I^- 而使 AgI 胶体带负电荷，继而可吸附与 I^- 离子电荷相反的 K^+，而使 K^+ 聚集在 AgI 表面附近的溶液中。

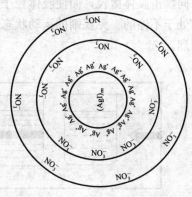

图 2-7 AgI 胶团结构示意

固体吸附剂从溶液中吸附某种离子的同时，本身又将另一种带相同电荷的离子释放到溶液中去，这个过程称为**离子交换吸附**。它与土壤中养分的保持与释放密切相关。例如，在土壤中施用硫酸铵时，就与土壤胶粒中的可交换阳离子（如 Ca^{2+}、K^+、Na^+ 等）进行交换，NH_4^+ 被吸附在土壤胶粒上蓄存起来，保持土壤养分。

$$土壤粒子 \rangle\ Ca^{2+} + 2NH_4^+ \Longrightarrow 土壤粒子 \begin{array}{l} -NH_4^+ \\ -NH_4^+ \end{array} + Ca^{2+}$$

植物需要这些养分时，植物根系就分泌出酸性物质（常用 HA 表示），与这些养分进行交换。交换的结果，使吸附在土壤胶粒上的 NH_4^+ 释放出来，被植物吸收。

$$土壤粒子 \begin{array}{l} -NH_4^+ \\ -NH_4^+ \end{array} + 2HA \Longrightarrow 土壤粒子 \begin{array}{l} -H^+ \\ -H^+ \end{array} + 2NH_4^+ + 2A^-$$

二、胶体的性质

1. 光学性质——丁达尔现象

当太阳光透过窗户上的小孔射到屋里的时候，从入射光线垂直的方向观察，可以看到一条发亮的"通路"，这种现象称为光的散射。这是因为光束在空气里前进时，遇到很多灰尘粒子，这些直径很小的微粒使光束中的部分光线偏离原来的方向而分散传播的结果。如果让一束光通过胶体溶液时，从侧面也可以看到胶体里出现一条光亮的"通路"（图2-8），这种现象最早是由英国物理学家丁达尔发现的，因此称为**丁达尔现象**。

丁达尔现象是胶体溶液的主要特征，可用于区别溶液和溶胶。

2. 动力学性质——布朗运动

1827年，英国植物学家布朗把花粉悬浮在水面上，用显微镜观察，发现花粉的小颗粒做不停的、无秩序的运动，这种现象称为布朗运动，如图2-9所示。用超显微镜观察溶胶，可以看到胶体的微粒也在进行布朗运动。这是因为在溶胶中，胶粒除了自身的热运动外，水分子（或其他分散剂分子）的不规则运动还会从各个方向撞击胶体微粒，而使胶体粒子运动的方向和速率每一瞬间都在改变，因而使胶粒处于不停的、无规则的运动状态。实验证明，胶粒越小，温度越高，布朗运动越剧烈。

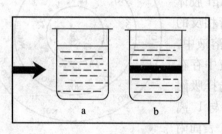

图2-8　丁达尔现象
a. 溶液　b. 胶体

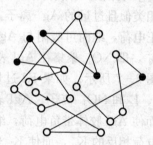

图2-9　布朗运动示意

3. 电学性质——电泳

	在U形管电泳仪内装入红褐色氢氧化铁［$Fe(OH)_3$］溶胶，在U形管的两端各插入一电极，通电一段时间后，观察两极附近溶胶颜色及其界面的变化情况。
做中学	（1）阴极附近溶胶颜色变_____，溶胶界面_____；阳极附近溶胶颜色变_____，溶胶界面_____。 （2）如果某电极的附近溶胶颜色变深，则说明该电极附近 $Fe(OH)_3$ 溶胶的浓度_____，即在电场的作用下，$Fe(OH)_3$ 溶胶向该电极方向发生了移动。

电泳现象证明胶体粒子是带电的。所谓**电泳**，是指在外加电场的作用下，胶体粒子在分散剂里向电极的阳极或阴极做定向移动的现象，如图2-10所示。通常，根据胶粒移动的方向，可以判断出胶粒所带电荷的正负情况。胶粒带正电的溶胶称为正溶胶，例如，$Fe(OH)_3$溶胶；胶粒带负电的溶胶称为负溶胶，例如，硅酸、酸性染料等胶粒。

图2-10　电泳现象

化学与生活

丁达尔现象在日常生活中经常遇到。例如，夜晚的探照灯在空气中射出的光柱；茂密的树林中，阳光从枝叶间透过时产生的一道道光柱等都属于这类现象。

溶胶电泳现象的应用也相当广泛。例如，医学上利用血清的"纸上电泳"协助诊断疾病；生物化学中，常用电泳来分离各种氨基酸和蛋白质；陶瓷工业上，采用电泳除去黏土中的氧化铁杂质，以制造高质量的瓷器；工业上，利用烟雾气溶胶的电泳现象进行"静电除尘"等。

三、胶体的稳定性和凝聚作用

1. 溶胶的稳定性

溶胶相当稳定，长时间放置也不会沉降。溶胶之所以具有相对的稳定性，其原因在于：第一，由于同种胶粒带有相同电荷，相互排斥，阻止了胶粒接近凝聚成较大的颗粒，因此不会发生沉降；第二，胶粒周围有一层水化膜，在此水化膜的保护下，胶粒难以直接接触，从而阻止了胶粒之间因碰撞而聚集。

2. 溶胶的聚沉

溶胶的稳定性是相对的。只要削弱或消除使它稳定的因素，就会使胶粒凝聚成较大的颗粒而沉降，这个过程称为溶胶的**聚沉**（或称**凝聚**）。通常，使溶胶聚沉的方法主要有以下三种：

① 加入电解质。电解质使溶胶凝聚起主要作用的是与胶粒带相反电荷的离子，并且离子价态越高，凝聚能力越强。例如，$MgSO_4$ 对 $Fe(OH)_3$ 溶胶的凝聚能力要比 KCl 对 $Fe(OH)_3$ 溶胶的凝聚能力强。

> 自然界中，电解质使胶体聚沉的现象比较常见。例如，江河入海处形成的三角洲，主要就是由河水中携带的胶体物质在入海处被含盐（电解质）的海水长期聚沉而成的。

做中学	下面几种物质的量浓度相同的电解质溶液，对某溶胶的聚沉能力 $AlCl_3 > MgCl_2 > Na_2SO_4 > NaNO_3$ 试判断该溶液是正胶体还是负胶体？

② 加入带有相反电荷的溶胶。将两种电性相反的溶胶混合时，因电性中和而相互聚沉。例如，明矾 $[KAl(SO_4)_2 \cdot 12H_2O]$ 净化水就是利用这个原理，明矾溶于

水后，发生水解形成带正电荷的 $Al(OH)_3$ 胶体，而天然水中的杂质如 SiO_2 黏土质胶体、腐殖质胶体等带负电荷，两种电性相反的胶粒相互吸引而聚集沉淀，从而达到明矾除去水中杂质的目的。

③ 加热。加热可使胶粒运动速率加快，胶粒碰撞机会增多，同时也降低了胶核对电位离子的吸附作用，减少了胶粒所带电荷，促使溶胶凝聚。

知识拓展

在溶胶的形成过程中，由许多中性分子聚集成直径为 $10^{-9} \sim 10^{-7}$ m 大小的粒子，它是溶胶的核心，称为**胶核**，胶核不带电，但它能选择性地吸附溶液中与它组成有关的离子，而使胶核表面带有电荷。这种决定胶核电性的离子称为**电位离子**。与电位离子电荷相反的离子，称为**反离子**。反离子分布在胶核周围，一方面受胶核表面电位离子的静电吸引，有靠近胶核表面的趋势，另一方面由于本身热运动有远离胶核表面的趋势，结果一部分反离子受电位离子的吸引而吸附在胶核表面，与电位离子一起形成**吸附层**，随胶核一起运动。胶核和吸附层构成**胶粒**；还有一部分反离子受电位离子吸引较弱，疏散地分布在胶粒周围形成**扩散层**。胶粒和扩散层一起构成**胶团**。胶团是电中性的。胶团的结构可表示如下：

$$[（胶核）\cdot \underbrace{电位离子 \cdot 反离子}_{}] \cdot \underbrace{反\ \ 离\ \ 子}_{}$$

$$\underbrace{}_{吸附层} \qquad 扩散层（带电荷）$$

$$\underbrace{}_{胶粒（带电荷）}$$

$$\underbrace{}_{胶团（电中性）}$$

本章小结

一、溶液组成的表示方法

1. 质量浓度

单位体积的溶液中所含溶质 B 的质量，称为溶质 B 的质量浓度，用符号 $\rho(B)$ 表示。

2. 质量分数

溶液中溶质 B 的质量 $m(B)$ 与溶液的质量 m 之比，称为溶液中溶质 B 的质量分数，用符号 $w(B)$ 表示。

3. 物质的量浓度

以单位体积（V）的溶液中所含溶质 B 的物质的量 $n(B)$ 来表示的溶液浓度，称为溶质 B 的物质的量浓度，用符号 $c(B)$ 表示，单位为 mol/L。

物质的量、物质的摩尔质量、物质的量浓度的概念、单位和它们的换算关系为：

物理量	概　念	换算关系	备　注
物质的量 $n(mol)$	1 mol 任何物质所含的微粒数都约为 6.02×10^{23}，这个数值称为阿伏伽德罗常数。也就是说，任何含有 6.02×10^{23} 个粒子的集合体，它的物质的量就是 1 mol	$n = \dfrac{N}{N_A}$	n——物质的量 N——微粒数 N_A——阿伏伽德罗常数，数值为 6.02×10^{23} 个/mol
摩尔质量 $M(g/mol)$	1 摩尔物质所具有的质量。如果以 g/mol 为单位，在数值上等于该微粒的化学式式量	$n = \dfrac{m}{M}$	n——物质的量 m——物质的质量 M——物质的摩尔质量
物质的量浓度 $c(mol/L)$	1 升溶液中所含溶质的物质的量	$c = \dfrac{n}{V}$ $c_1 V_1 = c_2 V_2$	c——物质的量浓度 n——溶质的物质的量 V——溶液的体积

二、化学平衡

1. 化学反应速率

通常用单位时间内反应物浓度的减小或生成物浓度的增加来表示，单位为 mol/(L·s)、mol/(L·min) 等。影响化学反应速率的主要因素有：

条　件　改　变		化学反应速率
其他条件 不变时	增加反应物浓度	加　快
	升高温度	加　快
	催化剂	加　快
	增加压强（气体反应）	加　快

2. 化学平衡

在同一条件下，既能向正反应方向进行，又能向逆反应方向进行的反应，称为可逆反应。

在一定条件下的可逆反应里，正反应速率和逆反应速率相等时，反应达到化学平衡状态。化学平衡是一种动态平衡，是相对的、有条件的。

影响化学平衡的主要因素有：

条　件　改　变		化　学　平　衡
对于一个已达化学平衡的反应，其他条件不变时	增加反应物浓度或减小生成物浓度	向正反应方向移动
	减小反应物浓度或增加生成物浓度	向逆反应方向移动
	增大压强	向气体体积减小的方向移动
	减小压强	向气体体积增大的方向移动
	升高温度	向吸热反应方向移动
	降低温度	向放热反应方向移动

如果改变影响化学平衡的一个条件（如浓度、压强或温度等），平衡就向能够

减弱这种改变的方向移动，这个原理称为吕·查德里原理。

三、电解质溶液

1. 电解质 { 强电解质：在水溶液里能全部电离成离子的化合物
弱电解质：在水溶液里仅能部分电离成离子的化合物

2. 弱电解质的电离平衡

在一定条件下，当弱电解质分子电离成离子的速率和离子重新结合成分子的速率相等时，电离过程就达到了平衡状态，称为弱电解质的电离平衡。电离平衡也是动态的、可逆的。

3. 水的电离与溶液的 pH

一定温度下，在纯水或酸、碱、盐等物质的水溶液中，H^+ 离子和 OH^- 离子浓度的乘积为一个常数（K_w）。25 ℃时，$K_w = [H^+][OH^-] = 1 \times 10^{-14}$。

在化学上，通常采用 $[H^+]$ 的负对数来表示溶液的酸碱性，这个值称为溶液的 pH。

$$pH = -\lg[H^+]$$

室温下，溶液的酸碱性与 pH 的关系是：

中性溶液：$[H^+] = [OH^-] = 1 \times 10^{-7} \text{mol/L}$，pH = 7

酸性溶液：$[H^+] > [OH^-]$，$[H^+] > 1.0 \times 10^{-7}$，pH < 7

碱性溶液：$[H^+] < [OH^-]$，$[H^+] < 1.0 \times 10^{-7}$，pH > 7

四、离子反应与离子方程式

用实际参加反应的离子的符号和化学式来表示离子反应的式子，称为离子方程式。离子反应发生的条件：生成难溶性物质、生成挥发性物质和生成难电离的弱电解质。

五、盐的水解

在溶液中盐的离子跟水电离出来的 H^+ 或 OH^- 生成弱电解质的反应，称为盐的水解。强酸弱碱盐水解，溶液显酸性；强碱弱酸水解，溶液显碱性。

六、缓冲溶液

能够对抗外来少量的强酸或强碱，而保持溶液 pH 几乎不变的溶液，称为缓冲溶液，缓冲溶液的这种性质称为缓冲作用。

缓冲溶液的缓冲能力是有一定限度的。

七、胶体

分散质微粒的直径为 $10^{-9} \sim 10^{-7}$ m 的一种介于溶液和浊液之间的分散系，称为胶体。它具有丁达尔现象、电泳现象、布朗运动等重要性质。胶体具有相对稳定性，若在胶体中加入少量电解质、加入带有相反电荷的胶、加热等，都能使胶体凝聚。

第三章　重要的非金属元素及其化合物

◀ 学 习 目 标 ▶

知识目标

1. 了解氯、硫、氮、磷、硅等非金属元素及其主要化合物的性质；
2. 了解常见非金属元素及其化合物在生产生活中的应用。

能力目标

学会常见非金属离子的定性检验。

人类已发现的 100 多种元素中，除稀有气体元素外，非金属元素只有 10 余种，但由这些元素构成的许许多多化学物质，形成了丰富多彩的物质世界。本章主要介绍几种重要的非金属元素氯、硫、氮、磷、硅及其化合物的有关知识。

第一节　氯及其化合物

在元素周期表中，氯元素处于第三周期第ⅦA族，其原子最外层有 7 个电子，在化学反应中容易得到 1 个电子，呈现 -1 价。氯在自然界分布很广，一般以氯化物的形式存在，主要的氯化物有 $NaCl$、$MgCl_2$、$CaCl_2$ 等，在海水、盐湖、盐井、盐矿中含量丰富。

氯是维持人体正常生理机能所不可缺少的元素。生物体内的氯与钠离子和钾离子相结合，共同参与生理作用，具有调节细胞膜的渗透性、控制水分、维持正常的渗透压和酸碱平衡等功能。氯还是某些酶的激活剂，如唾液淀粉酶。此外，氯离子还是多种体液的成分，如人的血液中含氯 0.25%，尿液、各种消化液中都含有氯。

人体内的氯，主要来自食盐的摄取，但吃盐过多，会引发高血压、动脉粥样硬化、咽喉炎等。如果长期高盐饮食，最终会造成肾炎、肾虚、肾衰、水肿等疾病。所以，中国营养学会建议，成年人每日食盐摄入量应低于 10 g，世界卫生组织建议更低，每人每日 3~5 g。

一、氯气

1. 氯气的物理性质

常温下，氯气（Cl_2）是黄绿色、有强烈刺激性气味的气体；易液化，常压下冷却至−34.6 ℃时变为黄绿色油状液体。氯气能溶于水，水溶液称氯水。氯气有毒，人吸入少量氯气会使鼻和喉头黏膜受到刺激，引起胸部疼痛和咳嗽，吸入大量氯气会中毒死亡。

2. 氯气的化学性质

（1）氯气与金属反应。

氯气几乎能和所有的金属直接化合，生成金属氯化物。例如，金属钠能在氯气中剧烈燃烧，发出黄色火焰，并产生白色的氯化钠晶体（NaCl）。

$$2Na+Cl_2 \xrightarrow{\text{点燃}} 2NaCl$$

同样，铁丝在 Cl_2 中燃烧，生成棕色的氯化铁（$FeCl_3$）。

$$2Fe+3Cl_2 \xrightarrow{\text{点燃}} 2FeCl_3$$

（2）氯气与非金属反应。

纯净的氢气能在氯气中燃烧，发出苍白色的火焰，生成氯化氢（HCl）气体。

$$H_2+Cl_2 \xrightarrow{\text{点燃}} 2HCl$$

氯化氢是一种无色、有刺激性气味的气体，在空气中易与水蒸气结合呈现雾状。氯化氢极易溶于水，其水溶液称为氢氯酸，俗称盐酸。市售浓盐酸（1.19 g/cm³，37％），是化学工业上的三大强酸之一。

（3）氯气与水反应。

氯气能溶于水，其水溶液称为氯水。在氯水中，溶解的氯气能够跟水反应，生成盐酸和次氯酸（HClO）。

$$Cl_2+H_2O \rule[0.5ex]{1.5em}{0.4pt} HCl+HClO$$

HClO 不稳定，易分解放出氧气。

$$2HClO \rule[0.5ex]{1.5em}{0.4pt} 2HCl+O_2 \uparrow$$

次氯酸是一种强氧化剂，能杀死水里的细菌，所以自来水常用氯气来杀菌消毒。

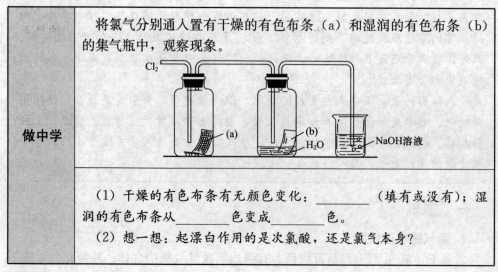

做中学	将氯气分别通入置有干燥的有色布条（a）和湿润的有色布条（b）的集气瓶中，观察现象。
	（1）干燥的有色布条有无颜色变化：＿＿＿＿＿（填有或没有）；湿润的有色布条从＿＿＿＿色变成＿＿＿＿色。 （2）想一想：起漂白作用的是次氯酸，还是氯气本身？

学中做	新制的和久置的氯水，是否都具有杀菌消毒、漂白作用？你能说出原因吗？

（4）氯气与碱反应。

氯气可与氢氧化钠反应，生成次氯酸钠（NaClO）和氯化钠。

$$Cl_2 + 2NaOH == NaClO + NaCl + H_2O$$

 化学与生活

　　生活中，棉、麻、纸浆的漂白，饮用水、游泳池水和污水坑的消毒等，大都用到一种具有杀菌、漂白作用的物质——漂白粉。漂白粉是次氯酸钙和氯化钙的混合物，其有效成分是次氯酸钙。工业上，就是利用氯气和消石灰 $[Ca(OH)_2]$ 作用制成的。

$$2Cl_2 + 2Ca(OH)_2 == CaCl_2 + Ca(ClO)_2 + 2H_2O$$

　　漂白粉是带有氯气的刺激性气味的白色粉末，受光、热作用易分解，因此，漂白粉应放置在干燥密闭容器中，于低温处保存。漂白粉放入水中能产生次氯酸，遇空气中的水蒸气或二氧化碳，也可生成次氯酸，因而具有杀菌、漂白作用。

二、重要的氯化物

1. 氯化钠

　　氯化钠（NaCl）俗称食盐，大量存在于海水、盐湖里。纯净的氯化钠是无色透明的晶体，易溶于水，在空气中不易潮解；粗盐易潮解，是含有氯化镁、氯化钙等杂质所致。

　　氯化钠是人体正常生理活动不可缺少的。医疗上用的生理盐水（0.9％NaCl溶液），常用于出血过多、严重腹泻等出现的失水症，也可用于洗涤创伤进行消毒。

实践活动

　　菠萝是人们生活中喜欢的水果之一。你知道菠萝为什么在盐水里浸泡后会更甜吗？请查阅资料，解释其中的原因。

2. 氯化钾

　　氯化钾（KCl）是无色晶体，易溶于水，农业上用作钾肥，易被农作物吸收；

医药上用于低血钾症，也可用作利尿剂；工业上用于制取金属钾及其化合物的原料。

3. 氯化钡

氯化钡（$BaCl_2$）是无色晶形粉末，易溶于水、有毒，分析化学上用作检验 SO_4^{2-} 离子的试剂。农业上是一种杀虫剂。

三、氯离子的检验

做中学	取 2 支试管，分别加入 2 mL 0.1 mol/L NaCl 溶液和稀盐酸，然后滴加几滴 0.1 mol/L $AgNO_3$ 溶液，振荡，观察现象；再滴入几滴稀硝酸，观察现象。
	（1）加入 $AgNO_3$ 溶液后，2 支试管中都有_____色的_____沉淀生成；加入稀 HNO_3 后，沉淀不消失，说明形成的沉淀_____（填溶或不溶）于稀盐酸和稀硝酸； （2）根据初中化学所学的复分解反应知识，你能写出发生反应的化学方程式吗？ $NaCl + AgNO_3 ==$_____ $\downarrow +$_____ $HCl + AgNO_3 ==$_____ $\downarrow +$_____ （3）综合上述现象，我们可以得出：用_____和_____，可以用来检验氯离子（Cl^-）的存在。

🧪 **实践活动**

在 3 支试管中分别加入 2 mL 0.1 mol/L 稀盐酸、0.1 mol/L NaCl 溶液和 0.1 mol/L Na_2CO_3 溶液，然后各加几滴 0.1 mol/L $AgNO_3$ 溶液，振荡，观察现象；再滴入几滴 0.1 mol/L 稀硝酸，观察现象。

	$AgNO_3$ 溶液	滴入稀硝酸	化学方程式
稀盐酸			
NaCl 溶液			
Na_2CO_3 溶液			

🧪 **实践活动**

取 3 支试管，分别加入 2 mL 0.1 mol/L NaCl 溶液、0.1 mol/L NaBr 溶液和 0.1 mol/L NaI 溶液，再分别滴加 0.1 mol/L $AgNO_3$ 溶液，观察并比较 3 支试管中出现的现象。再向上述 3 支试管中分别滴入少量稀硝酸，振荡，观察现象。

	NaCl 溶液	NaBr 溶液	NaI 溶液
AgNO₃ 溶液			
滴入稀硝酸			
化学方程式			

实践活动

取 2 支试管，各加入新制的淀粉液 1 mL，在一支试管中滴入碘液 1 滴，在另一支试管中加入 0.1 mol/L KI 溶液 1 滴，观察现象。

	碘 液	KI 溶液
新制的淀粉液		

化学与生活

氟是元素周期表中最活泼的非金属元素，也是人体必需的微量元素之一。在人体内，氟主要以 CaF_2 的形式分布在牙齿、骨骼、指甲和毛发中，尤以牙釉质中含氟量最多。氟能维持或促使牙釉质的形成，抑制牙齿上残留食物的酸化，有预防龋齿（蛀牙）的作用。当氟缺乏时，构成牙釉质的氟化物将发生转化，使牙齿被腐蚀而形成龋洞，甚至全部被破坏。但当氟含量过高时，牙齿表面会出现黑褐色或黑色斑点，称为"斑釉齿"或"氟斑牙"；此外，还能损伤骨骼、神经和心血管系统。可见，氟的摄入要适量，如果摄入量过多，不但对身体无益，还会引起氟中毒，严重危害身体健康。

氟在自然界分布很广。通常人体摄取的氟主要来源于膳食和饮水，在谷物、鱼类、排骨、蔬菜中也含有微量氟，茶叶中含氟量最高。

化学与生活

碘是人体必需的微量元素，在人体内虽然含量极低，但与人体的生长发育和新陈代谢关系密切，特别是对大脑的发育起着决定性作用。碘缺乏病（简称 IDD）是世界性疾病，青少年及成人缺碘时，会引起甲状腺肿大，出现"大脖子病"；婴幼儿缺碘时，会引起克汀病，严重的还会引起智力受损；孕妇缺碘时，会引起早产、流产、新生儿先天畸形等症状。

在我国，缺碘的情况比较普遍。为了防治碘缺乏病，我国政府已在缺碘地区实行"食盐加碘"，将加碘食盐作为规定的食盐。

在自然界，干海藻、海水鱼、海带、紫菜、海蜇等海产品，以及乳制品、蛋、全小麦等都含有较丰富的碘。碘的化合物如碘化钠（NaI）、碘化钾（KI）可用作饲料添加剂，促进畜禽生长发育。

第二节　硫及其化合物

在元素周期表中，硫元素位于第三周期第ⅥA族，其原子最外层有 6 个电子，在化学反应中容易得到 2 个电子，因此，显示 -2 价；其原子最外层的 6 个或 4 个电子也可发生偏移，从而显示 $+6$ 价或 $+4$ 价。

> 硫是人体和动物体内蛋白质和许多酶的组成元素，对于维持蛋白质分子的结构和功能具有重要的作用。人体所需的硫主要从蛋白质中摄取，动植物体内的硫主要存在于氨基酸、多肽和蛋白质中，它们都具有重要的生理机能。植物缺硫时，会引起蛋白质含量降低，叶绿素的合成受到影响，植株矮小，呈黄绿色；动物缺硫时，会导致动物生长发育受阻，出现脱毛症、厌食症等病症。

一、硫

硫（S）在自然界中分布很广，海洋、大气、煤、石油以及温泉中都含有硫。硫有游离态和化合态两种存在形式。游离态的硫主要存在于火山喷出口附近或地壳的岩层里；化合态的硫主要有含硫矿物和一些化合物，如方铅石（PbS）、石膏（$CaSO_4 \cdot 2H_2O$）、硫铁矿（FeS_2）等。

1. 硫的物理性质

单质硫俗称硫黄，淡黄色晶体，质脆，不溶于水，微溶于乙醇，易溶于二硫化碳（CS_2）。硫蒸气急剧冷却不经液化，可直接凝聚成粉末状固体，这种现象称为硫华。

2. 硫的化学性质

（1）硫与金属反应。

除金、铂以外，硫能与 Cu、Fe 等多种金属直接化合，生成低价态的金属硫化物。例如：

$$2Cu+S \xrightarrow{\triangle} Cu_2S$$

$$Fe+S \xrightarrow{\triangle} FeS$$

（2）硫与非金属反应。

硫能与 H_2、O_2 等非金属单质发生反应。例如：

$$H_2+S \xrightarrow{\triangle} H_2S$$

$$S+O_2 \xrightarrow{点燃} SO_2$$

单质硫的用途很广，除用于制造硫酸、硫酸盐以及硫化物外，还用于制造火柴、黑火药、焰火等。

 化学与生活

农业上，硫常用来生产杀虫剂、杀菌剂及含硫农药。例如，石灰硫黄合剂

（石灰、硫黄、水按 1∶2∶10）容易渗透入病菌细胞内，杀菌能力强；同时，因具有碱性，能侵蚀昆虫表皮的蜡质层，对介壳虫及其卵有良好的防治效果，是农业上常用的杀虫剂。此外，临床上，单质硫还可用来配制治疗皮肤病的硫黄药膏。

二、硫的重要化合物

1. 硫化氢

硫化氢（H_2S）是有臭鸡蛋气味的气体，比空气稍重，能溶于水，水溶液叫氢硫酸，是一种弱酸。硫化氢有剧毒，是一种大气污染物，空气中若含有微量硫化氢，就会引起头痛、头晕、恶心；吸入较多的硫化氢，就会引起昏迷甚至死亡。在密闭的地下污水道里，常积聚较多的硫化氢。因此，疏通地下污水道时，要防止硫化氢中毒。

硫化氢具有可燃性，在空气充足的条件下，能完全燃烧发出淡蓝色的火焰，生成二氧化硫（SO_2）和水；空气不足时，硫化氢不完全燃烧生成单质硫和水。

$$2H_2S+3O_2 \xrightarrow{\text{完全燃烧}} 2H_2O+2SO_2$$

$$2H_2S+O_2 \xrightarrow{\text{不完全燃烧}} 2H_2O+2S$$

硫化氢具有还原性，能与二氧化硫反应生成单质硫。

$$2H_2S+SO_2 === 2H_2O+3S$$

工业上，将排出的含 SO_2 尾气与含 H_2S 的废气相互作用，制备高纯度硫黄，既能生成硫，又避免了污染环境。

2. 二氧化硫

二氧化硫（SO_2）是无色、有刺激性气味的气体，密度比空气重，易溶于水。二氧化硫是大气主要污染物之一，有毒，能刺激眼睛的角膜和呼吸道黏膜等，引起呼吸困难，严重时会导致死亡。

化学与生活

1952 年 12 月 5～8 日，伦敦全城浓雾，气温逆转，而且受冷高压的影响出现无风状态。这时，从家庭和工厂的烟囱中排出的 SO_2 烟尘，被逆温层封盖滞留在大气底层，不断积累，尘粒浓度高达平时的 10 倍，SO_2 的浓度高达平时的 6 倍，形成了硫酸烟雾。该烟雾进入人的呼吸系统，使人感到呼吸困难、发绀、低烧，造成了约 4 000 人死亡的严重事件。这期间，家畜也在劫难逃，从 6 日晚到 7 日，约有 100 头牧牛患病，5 头死亡。而且在该事件后的 2 个月内还有 8 000 人死亡。这就是世界闻名的"伦敦烟雾事件"。

二氧化硫溶于水形成亚硫酸（H_2SO_3）。亚硫酸不稳定，易分解，因此二氧化硫与水的反应是一个可逆反应。

$$SO_2 + H_2O \rightleftharpoons H_2SO_3$$

做中学	向盛有 5 mL 0.1% 品红溶液的试管中，通入二氧化硫气体，观察现象。将该溶液加热，再观察有何现象。
	（1）将二氧化硫通入品红溶液中，品红溶液由_____色逐渐变成_____色；加热该溶液时，溶液又由_____色变成_____色。 　（2）上述现象，说明二氧化硫具有_____某些有色物质的性能；加热时，_____色物质又分解而恢复为原来的颜色。

　　在一定条件下，SO_2 可以与 O_2 反应生成三氧化硫（SO_3）。此反应是工业上生产硫酸的基础。

$$2SO_2 + O_2 \xrightarrow[400 \sim 500\,℃]{V_2O_5} 2SO_3$$

知识拓展

　　酸雨是指 pH 小于 5.6 的雨水、雪、霜、雹、露等大气降水。酸雨的成因很复杂，主要是由于人类大量使用的煤、石油等化石燃料燃烧后产生的硫氧化物或氮氧化物，在大气中经过复杂的化学反应，形成的硫酸或硝酸随雨水降落到地面形成的。二氧化硫是形成酸雨的主要物质。

　　酸雨可以使湖泊、农田的水质酸化，毒害鱼类、水生生物和农作物；可使土壤酸化，破坏土壤的结构和性质，影响农作物对水分、矿物营养元素的吸收和农作物的正常生长。当酸雨降落到植物叶片上，酸雨中的二氧化硫能使植物叶片中的有机色素褪色，使作物出现早衰、新叶失绿、叶片发黄、枯焦，甚至导致植物死亡。

　　酸雨能使存在于土壤、岩石中的金属元素溶解，流入河川或湖泊，经过食物链进入人体；同时，雨、雾的酸性对眼、咽喉和皮肤也有强烈的刺激作用，影响着人类的健康。

　　酸雨不仅破坏农田，损害农作物、森林，还会腐蚀建筑物、金属制品、名胜古迹等。例如，河南洛阳的龙门石窟、北京卢沟桥的石狮等，均遭酸雨侵蚀而严重损坏。

　　因此，治理大气污染、水污染，净化空气，保护环境，是人类赖以生存的迫切愿望。

3. 硫酸

　　纯净的浓硫酸是无色油状液体，密度为 1.84 g/cm³，质量分数是 98.3%。硫酸是一种强酸，除具有酸的通性外，还具有如下特性：

　　（1）吸水性。

　　浓硫酸能和水结合生成硫酸的水合物，并放出大量的热，所以浓硫酸具有强烈的吸水性。实验室里，浓硫酸常用作某些气体的干燥剂。

> 配制稀硫酸时，应特别小心，一定要把浓硫酸慢慢注入水中，切不可把水倒入浓硫酸中。因为水的密度小于浓硫酸，水会浮在上面，反应生成的热会使水立即沸腾而飞溅，造成事故。

（2）脱水性。

浓硫酸能从含碳、氢、氧的有机物中，把氢和氧按照水（H_2O）的比例（H：O＝2：1）夺取出来，使有机物炭化。

做中学	取少量的蔗糖（$C_{12}H_{22}O_{11}$）放入烧杯里，用适量水调成膏状，然后慢慢注入适量的浓硫酸，用玻棒搅动杯中的混合物，观察发生的现象。 （反应式为：$C_{12}H_{22}O_{11} \xrightarrow{\text{浓硫酸}} 12C + 11H_2O$）
	（1）蔗糖逐渐变_____，体积急剧_____，并伴有_____气味气体； （2）轻摸烧杯壁，感觉烧杯壁_____，说明该反应_____（填吸热或放热）。

🧪 实践活动

> 用玻璃棒在干净的白纸上蘸稀硫酸写好字样，然后在酒精灯火焰上方小心地来回移动，一会儿，纸上神奇地出现了黑色的字迹。想一想，为什么？

（3）氧化性。

做中学	取1支试管，放入一块洁净的铜片（Cu），再加入2 mL浓硫酸，加热，观察有何现象？将润湿的蓝色石蕊试纸放在试管口，观察试纸颜色的变化。 [反应式：$Cu + 2H_2SO_4（浓）\xrightarrow{\triangle} CuSO_4 + 2H_2O + SO_2\uparrow$]
	（1）浓硫酸与铜片在加热条件下发生剧烈反应，试管中生成_____色溶液； （2）将润湿的蓝色石蕊试纸放在试管口，可以看出，生成的气体可使湿润的蓝色石蕊试纸变_____，且伴有_____性气味。

> 在常温下，浓硫酸能将铁、铝等金属氧化，生成一层致密的氧化物薄膜，保护金属内部不再继续氧化，这种现象称为金属的钝化。因此，浓硫酸可以用铁或铝制的容器贮存或运输。

在加热时，浓硫酸还能与非金属（如碳）发生反应，反应式为：

$$C + 2H_2SO_4（浓） \xrightarrow{\triangle} 2SO_2\uparrow + CO_2\uparrow + 2H_2O$$

硫酸是最重要的化工原料之一，具有十分广泛的用途。在化肥生产上，主要用于生产氮肥、磷肥，还可用来制备农药、医药、染料等。实验室里，硫酸也是一种常用的化学试剂。

4. 硫酸盐

（1）硫酸钠。

硫酸钠（$Na_2SO_4 \cdot 10H_2O$）俗名芒硝，无色晶体，易溶于水。在干燥的环境下，会失去结晶水而变成粉末状的无水硫酸钠，无水硫酸钠就是中药的玄明粉（又称无水芒硝），医药上用作泻药，也可用作钡盐、铅盐中毒的解毒剂。

（2）硫酸铜。

硫酸铜（$CuSO_4 \cdot 5H_2O$）俗称胆矾、蓝矾，蓝色晶体，易溶于水。将硫酸铜晶体加热到 200 ℃以上会失去结晶水变为白色粉末，即无水硫酸铜。

$$CuSO_4 \cdot 5H_2O \xrightarrow{200\ ℃} CuSO_4 + 5H_2O$$

无水硫酸铜遇水又可以生成蓝色结晶硫酸铜，利用这个性质可检验酒精中是否含有水；硫酸铜在医药上用作催吐剂，治疗有机磷中毒；在农业上用作杀菌剂；硫酸铜和石灰乳混合可制成波尔多液，波尔多液对植物有广泛的杀菌、防虫和保护作用。

（3）硫酸钡。

硫酸钡（$BaSO_4$）俗名重晶石，白色无定型粉末，难溶于水、酸、碱或有机溶剂，不易被 X 线穿过。医疗上放射检查时，利用其在胃肠道内可吸收 X 线而用作胃肠道造影剂，俗称"钡餐"。

（4）硫酸锌。

硫酸锌（$ZnSO_4 \cdot 7H_2O$）俗称皓矾，无色晶体。工业上用作木材防腐剂，印染工业的媒染剂；医药上，用作收敛剂，使机体组织收缩，减少腺体分泌；农业上，是植物必需的微量元素肥料，缺锌会引起苹果树小叶病。

三、硫离子和硫酸根离子的检验

1. 硫离子（S^{2-}）的检验

做中学	取 1 支试管，加入 0.2 mol/L 醋酸铅溶液 2 mL，然后滴入几滴 0.1 mol/L Na_2S 溶液，观察现象。 ［反应式：$Pb(Ac)_2 + Na_2S \xrightarrow{\quad} PbS\downarrow + 2NaAc$］
	（1）加入 Na_2S 溶液后，试管中都出现_____色沉淀。 （2）根据实验现象，可以得出：用_____可以检验硫离子（S^{2-}）的存在。

2. 硫酸根离子（SO_4^{2-}）的检验

做中学	取 3 支试管，分别加入 2 mL 0.1 mol/L H_2SO_4、0.1 mol/L Na_2SO_4 溶液和 0.1 mol/L Na_2CO_3 溶液，各滴入 2 滴 0.1 mol/L $BaCl_2$ 溶液，观察有何现象？再各加入少量盐酸或稀硝酸，观察有何现象？ （1）加入 $BaCl_2$ 溶液后，3 支试管中都出现_____色沉淀；加入少量盐酸或稀硝酸后，原来装有_____溶液的试管中，沉淀消失；而原来装有_____溶液的试管中，沉淀不消失。说明实验中形成的_____（填碳酸盐或硫酸盐）沉淀不溶于稀盐酸和稀硝酸。 （2）根据初中化学所学的复分解反应知识，你能写发生反应的化学方程式吗？ $H_2SO_4 + BaCl_2 =\!=\!= \underline{\quad\quad} \downarrow + \underline{\quad\quad}$ $Na_2SO_4 + BaCl_2 =\!=\!= \underline{\quad\quad} \downarrow + \underline{\quad\quad}$ $Na_2CO_3 + BaCl_2 =\!=\!= \underline{\quad\quad} \downarrow + \underline{\quad\quad}$ （3）综合上述现象，可以得出：用_____和_____，可以检验硫酸根离子（SO_4^{2-}）的存在。

🧪 实践活动

取 3 支试管，分别加入 0.5 mol/L $ZnSO_4$ 溶液、0.5 mol/L $MnSO_4$ 溶液和 0.5 mol/L $CuSO_4$ 溶液，然后分别滴入几滴 0.2 mol/L Na_2S 溶液，观察实验现象。

	滴加 Na_2S 溶液	化学方程式	实验结论
$ZnSO_4$ 溶液			
$MnSO_4$ 溶液			
$CuSO_4$ 溶液			

🍅 化学与生活

在元素周期表的第ⅥA族元素中，除氧和硫外，还有一种早在 1984 年就被世界卫生组织列为人体必需的微量元素——硒（Se），硒在罗马话中意是指"月亮女神"（Selenium）。

近年来，人们越来越认识到硒的价值。医学研究证明，硒对人体有重要作用，硒能够清除人体内自由基，抗衰老，维护心血管系统的正常结构和生理功能，预防心血管疾病的发生；对铅、镉、汞、砷、铊等重金属有颉颃作用，是天然的解毒剂，可减轻毒素对肝细胞的损坏。研究还发现，血硒水平的高低与癌的发生息息相关，硒对动物肿瘤细胞的生长具有很强的抑制作用，能明显抑制肿瘤扩散。因此，硒被科学家称为人体微量元素中的"抗癌之王"。

根据权威部门调查统计，全球大约有 40 多个国家和地区处于贫硒、低硒区。我国约有 22％的县（市）属于缺硒或低硒地区，2/3 的人口硒营养不良或缺硒。医学认为，坚持适量补硒，是增强人体健康、防治疾病和延年益寿的有效措施。

硒有无机硒和有机硒两种，其中，有机硒是补充人体硒的有效途径。富含硒的食品除啤酒酵母、小麦胚芽、蘑菇、芦笋、大蒜外，还有许多海产品。另外，十字花科和百合科植物（如花椰菜、西兰花、大蒜、洋葱、百合等）对硒也具有较强的富集能力，水果、蔬菜等富含维生素 A、维生素 C、维生素 E 的食品有助于硒的吸收。

第三节　氮、磷及其化合物

在元素周期表中，氮、磷位于第ⅤA族，原子最外层有 5 个电子，主要化合价有－3、＋5 价。它们的化合物如氨、氮肥、磷肥以及蛋白质、核酸等在工农业生产和生命科学研究等领域中都有重要的作用。

一、氮及其化合物

氮是自然界分布最广的元素之一，其中绝大部分以游离态存在于大气中，约占大气总体积的 78％，所以，大气是取之不尽、用之不竭的氮的贮存库。化合态氮主要存在于土壤、动植物体以及矿物中。

> 氮是绿色植物所需的三大营养元素之一，构成蛋白质的主要成分，占蛋白质含量的 16％～18％。细胞质、细胞核和酶都含有蛋白质，所以氮也是细胞质、细胞核和酶的组成成分。此外，氮还是植物体内维生素和能量物质（如 ATP）的组成部分。可见，氮在生物体生命活动中占有十分重要的地位，故又被称之为"生命元素"。

1. 氮气

氮气（N_2）是无色、无味的气体，比空气稍轻，不助燃，微溶于水。氮气在 101.325 kPa、－195.8 ℃时，变成无色的液体，－209.86 ℃变成雪状固体。

> 工业上，氮气通常从液态空气中分离制得，主要用于合成氨、制造硝酸和氮肥等。由于氮气能使植物种子处于休眠状态，因此，常用于粮食、种子、水果和蔬菜的贮藏。

氮气分子的结构稳定，化学性质很不活泼，一般条件下很难跟其他物质发生化学反应。但在一定条件下（如高温、高压、放电等），氮气也能和氢气、氧气及一些金属等物质发生化学反应。

在高温、高压并有催化剂存在的条件下，氮气和氢气直接化合生成氨。

$$N_2 + 3H_2 \xrightarrow[\text{催化剂}]{\text{高温、高压}} 2NH_3$$

在放电条件下，氮气能和氧气直接化合，生成无色的一氧化氮（NO）。一氧化氮很容易被空气中的氧气氧化，生成棕色并有刺激性气味的二氧化氮（NO_2），二氧化氮溶于水生成硝酸。雷雨中有闪电时，大气中常有少量的 NO 产生。

$$N_2 + O_2 \xrightarrow{\text{放电}} 2NO$$
$$2NO + O_2 == 2NO_2$$
$$3NO_2 + H_2O == 2HNO_3 + NO$$

氮气可用于合成氨、硝酸、硝酸盐及炸药等。液氮主要用作冷冻剂，用于仪器或机件的冷冻处理及食品速冻。

化学与生活

通常，NO、N_2O、NO_2、N_2O_3、N_2O_4 和 N_2O_5 等总称为氮氧化物（NO_x）。氮氧化物是大气主要污染物之一，但造成大气污染的氮氧化物主要指的是 NO 和 NO_2。

大气中，氮氧化物主要来源于燃料燃烧和某些工业的生产过程。其中，NO 能与血红素结合成亚硝基血红素，NO_2 能吸收紫外光分解成 NO 和氧原子，后者可继续发生一系列反应，导致生成光化学烟雾，使得危害进一步加剧。最早发生于 1946 年的美国"洛杉矶光化学烟雾"，曾造成了多数居民患病；在其后的 1952 年 12 月发生的又一次烟雾中，造成了 65 岁以上的老人死亡约 400 人之多。

雾霾是雾和霾的统称。SO_2、氮氧化物和可吸入颗粒物是引起雾霾的主要成分。其中，氮氧化物等遇上雾天就容易转化为二次颗粒污染物，加重雾霾。目前，北京监测的 PM2.5，监测的是直径小于等于 $2.5~\mu m$ 的污染物颗粒，该颗粒既是一次污染物，又是重金属、多环芳烃等有毒物质的载体。

为保护自然生态和人类健康，让我们共同减少污染物的排放。因为人类只有一个地球。

---

2. 氨

氨（NH_3）是无色、有刺激性气味的易挥发的气体，比空气轻；易液化，常压下冷却至 $-33.4~℃$ 时，气态氨即凝结成无色液体（称为液氨）。液氨汽化时可吸收大量的热，从而使其周围的温度急剧降低，因此，液氨常用作制冷剂。

做中学	在 1 支试管中加入固体氯化铵（NH_4Cl）和固体氢氧化钙 $[Ca(OH)_2]$，混匀后加热，观察现象；然后，用湿润的红色石蕊试纸接近试管口，观察试纸颜色的变化。 [反应式：$2NH_4Cl + Ca(OH)_2 \xrightarrow{\triangle} CaCl_2 + 2H_2O + 2NH_3\uparrow$]
	（1）混匀加热后，可以闻到有＿＿＿＿性气味的气体产生。实验室里，常用这一反应制备氨气。 （2）将湿润的红色石蕊试纸接近试管口，红色石蕊试纸变＿＿＿色。常用该法检验氨气的存在。

氨易溶于水，水溶液称氨水，具有弱碱性，受热易分解放出氨气。

$$NH_3 + H_2O \rightleftharpoons NH_3 \cdot H_2O \rightleftharpoons NH_4^+ + OH^-$$

$$NH_3 \cdot H_2O \xrightarrow{\triangle} NH_3\uparrow + H_2O$$

做中学	用玻璃棒蘸取 1 滴氨水于红色石蕊试纸上，观察实验现象。
	氨水滴到红色石蕊试纸上，试纸由＿＿＿色变成＿＿＿色，说明氨水显＿＿＿性。

做中学	取一根玻璃棒在浓氨水里蘸一下，另拿一根玻璃棒在浓盐酸里蘸一下，两根玻璃棒接近，观察发生的现象。 （反应式：$NH_3 + HCl \rightleftharpoons NH_4Cl$）
	可以看到，有大量的＿＿＿产生，这是由于氨水里挥发出来的＿＿＿与浓盐酸里挥发出来的＿＿＿气体化合生成了微小的氯化铵晶体颗粒。

氨水是碱性液态氮肥。因氨水易挥发，使用时应加水稀释至 0.5% 以下，并深施盖土，减少损失。为了防止氨挥发，保存氨水时应密封，放在背风阴凉处。

3. 铵盐

铵盐是由铵离子（NH_4^+）和酸根离子组成的，例如碳酸氢铵（NH_4HCO_3，俗称碳铵）、硫酸铵 $[(NH_4)_2SO_4$，俗称硫铵]、氯化铵（NH_4Cl）等都是铵盐。铵盐都是白色晶体，易溶于水，溶于水时吸热。农业上，铵盐是常用的氨态氮肥。

铵盐不稳定，受热易分解。

$$NH_4HCO_3 \xrightarrow{\triangle} NH_3\uparrow + CO_2\uparrow + H_2O$$

$$NH_4Cl \xlongequal{\quad} NH_3\uparrow + HCl$$

$$(NH_4)_2SO_4 \xlongequal{\quad} 2NH_3\uparrow + H_2SO_4$$

铵盐能与碱反应，放出有刺激性气味的氨气。

$$(NH_4)_2SO_4 + 2NaOH \xlongequal{\quad} Na_2SO_4 + 2H_2O + 2NH_3\uparrow$$

$$NH_4NO_3 + NaOH \xlongequal{\quad} NaNO_3 + H_2O + NH_3\uparrow$$

4. 硝酸

纯硝酸是无色、易挥发、有刺激性气味的液体，极易溶于水。市售浓硝酸，质量分数 69%，密度 $1.42\ g/cm^3$。质量分数大于 98% 的硝酸在空气中能"发烟"，故称发烟硝酸，这是由于浓硝酸挥发出来的硝酸蒸气与空气中的水蒸气形成了极微小的硝酸液滴。

硝酸不稳定，常温下见光易分解，受热时分解加快。因此，为防止硝酸分解，通常把它保存在棕色试剂瓶中，贮放于阴凉黑暗处。

$$4HNO_3 \xlongequal[\text{或光照}]{\triangle} 2H_2O + 4NO_2\uparrow + O_2\uparrow$$

硝酸是一种很强的氧化剂，除金、铂等少数金属外，它几乎能和所有的金属反应。

做中学	取 2 支试管，各放入一小片铜片，再分别加入 1 mL 浓硝酸和 0.5 mol/L稀硝酸，观察反应现象。 注：反应式为 　$Cu + 4HNO_3$（浓）$\xlongequal{\quad} Cu(NO_3)_2 + 2NO_2\uparrow + 2H_2O$ 　$3Cu + 8HNO_3$（稀）$\xlongequal{\quad} 3Cu(NO_3)_2 + 2NO\uparrow + 4H_2O$
	浓硝酸与铜反应剧烈，产生＿＿＿＿色气体 NO_2；稀硝酸与铜反应缓慢，有＿＿＿＿色气体 NO 产生，该气体在试管口变成＿＿＿＿色。由此可见，硝酸的浓度不同，＿＿＿＿产物也不同。

与浓硫酸一样，冷的浓硝酸也能使铝、铁等金属发生钝化，因此可用铝槽车贮运浓硝酸。

浓硝酸与浓盐酸的混合物（体积之比为 $1:3$）称为"王水"，它的氧化能力更强，可将包括金、铂在内的所有金属氧化。

硝酸也能和许多非金属发生氧化还原反应，例如：

$$S + 4HNO_3\text{（浓）} \xlongequal{\quad} 4NO_2\uparrow + SO_2\uparrow + 2H_2O$$

硝酸是工业上重要的"三酸"之一，也是重要的化工原料，常用来制取氮肥、农药、炸药、硝酸盐、塑料和染料等。硝酸也是实验室里常用的化学试剂。

5. 硝酸盐和亚硝酸盐

硝酸盐大多是无色晶体，易溶于水；固体硝酸盐不稳定，受热易分解，但随金属的活泼性不同，分解生成的产物也不同。

一般来说，在金属活动性顺序表中，位于 K～Na 之间的活泼金属的硝酸盐，受热分解生成亚硝酸盐（如亚硝酸钾 KNO_2）和氧气；位于 Mg～Cu 之间的金属的硝酸盐分解成金属氧化物、二氧化氮和氧气；而位于 Cu 之后的金属的硝酸盐，分解为金属单质、二氧化氮和氧气。例如：

$$2KNO_3 \xrightarrow{\triangle} 2KNO_2 + O_2 \uparrow$$

$$2Mg(NO_3)_2 \xrightarrow{\triangle} 2MgO + 4NO_2 \uparrow + O_2 \uparrow$$

$$2AgNO_3 \xrightarrow{\triangle} 2Ag + 2NO_2 \uparrow + O_2 \uparrow$$

化学与生活

在肉类食品中，常用亚硝酸钠作为防腐剂和增色剂，使肉制品具有特殊的红色，保持肉的色泽鲜艳。但是，亚硝酸盐有毒，由于它的外观类似食盐，有咸味，易溶于水，曾多次发生将其误作食盐食用而引发中毒的事件。此外，亚硝酸盐是一种潜在的致癌物质，过量或长期食用对人的身体会造成危害，可诱发胃癌、肝癌、食道癌等疾病。因此，国家食品卫生标准对它在食品中的含量有严格的规定。

实践活动

在 2 支试管中，分别加入 2 mL 0.5 mol/L NH_4Cl 溶液、0.5 mol/L $(NH_4)_2SO_4$ 溶液，再各滴入奈斯勒试剂 3～4 滴，观察反应的现象，并由此可得出什么结论？

	滴入奈斯勒试剂	结　论
NH_4Cl 溶液		
$(NH_4)_2SO_4$ 溶液		

二、磷及其化合物

1. 磷

在自然界中，磷主要以磷酸盐的形式存在于矿石中，在动物的骨骼、牙齿、神经组织，植物的果实、种子和幼芽中都含有较多的磷。磷有两种同素异形体：白磷和红磷，前者用于制造高纯度磷酸、燃烧弹和烟幕弹等；后者主要用于制造火柴和农药。

磷是生物体的重要组成元素，也是组成核酸、磷脂等的重要成分，在动物的骨骼和牙齿中也含有大量的磷酸盐。植物中的磷对细胞分裂和分生组织的增长是必不可少的，磷肥能够帮助植物幼芽与幼根的生长，促进幼苗的发育，促进开花结实，使庄稼籽粒饱满。1957 年，诺贝尔奖获得者托德认为："哪里有生命，哪里就有磷"，因此，磷被称为"生活和思维的元素"。

磷的化学性质远比氮活泼，能与 O_2、Cl_2 等非金属单质直接化合。例如

$$4P+5O_2 \xlongequal{点燃} 2P_2O_5$$

2. 磷酸和磷酸盐

纯磷酸（H_3PO_4）是无色透明的晶体，易溶于水，有吸湿性。市售磷酸是无色黏稠液体，含磷酸 85%。磷酸有腐蚀性，能刺激皮肤，引起皮炎，破坏肌体组织。

> 磷酸的用途广泛。例如，日化工业上，磷酸常用于制造安全火柴；在水处理领域，常用作软水剂、水垢清洗剂；在食品工业上，用作酸味剂、营养发酵剂等，且能抑制微生物生长，延长食品的保质期；在医药工业上，磷酸常用于制造甘油磷酸钠、磷酸锌等；在分析工作中，磷酸常用作分析试剂。

磷酸是三元酸，它能形成一种正盐和二种酸式盐。例如：

磷酸盐：Na_3PO_4（磷酸钠），$Ca_3(PO_4)_2$（磷酸钙）；

磷酸氢盐：Na_2HPO_4（磷酸氢二钠），$CaHPO_4$（磷酸氢钙）；

磷酸二氢盐：NaH_2PO_4（磷酸二氢钠），$Ca(H_2PO_4)_2$（磷酸二氢钙）。

所有磷酸二氢盐都易溶于水，而磷酸氢盐和磷酸盐除钾、钠、铵盐外，都难溶于水。

做中学	分别在 2 支试管中注入 2 mL 0.1 mol/L 磷酸和 2 mL 0.1 mol/L 磷酸二氢钠（NaH_2PO_4）溶液，各加入 2 mL 用硝酸酸化的钼酸铵 $[(NH_4)_2MoO_4]$ 溶液，振荡，温热并观察现象；再各加入少量氨水，又有什么现象出现？
	可以看出，2 支试管中均出现 ＿＿＿＿＿色沉淀；加入少量氨水后，沉淀 ＿＿＿＿＿。实验室常利用这一特性检验 PO_4^{3-} 的存在。

磷酸盐大量用作磷肥，商品磷肥中生产最多的是过磷酸钙 $[Ca(H_2PO_4)_2＋CaSO_4]$，它是由磷矿石 $\{$主要成分是磷酸钙 $[Ca_3(PO_4)_2]\}$ 用硫酸处理制得的。

$$Ca_3(PO_4)_2+2H_2SO_4 \xlongequal{\quad\quad} Ca(H_2PO_4)_2+2CaSO_4$$

这样把难溶于水的磷酸钙转化为较易溶于水的磷酸二氢钙，以利于农作物的吸收。

第四节　硅及其化合物

在元素周期表中，硅元素位于第三周期第ⅣA族，原子最外层有 4 个电子，最高正化合价为 $+4$ 价，负化合价是 -4 价，与碳相似，在化学反应中容易形成共价化合物。

一、硅

硅是由法国著名化学家拉瓦锡于 1787 年首次在岩石中发现的。在地壳中，硅

元素的含量仅次于氧，其与氧结合形成的二氧化硅占地壳总质量的 87％。自然界中，硅几乎都是以硅酸盐矿和石英矿的形式存在的。我们脚下的泥土、石头和沙子，生活中使用的砖、瓦、水泥、玻璃和陶瓷等等，都是硅的化合物。如果说碳是组成生物界的主要元素，那么，硅就是构成地球上矿物界的主要元素。

> 硅和生命息息相关。硅是动物的骨和结缔组织正常生长所必需的微量元素，能影响骨的钙化过程、软骨合成和结缔组织基质的形成。在人体内，硅主要存在于胶原和弹性蛋白中，能抗动脉粥样硬化，对心血管具有保护作用。同时，在人体的皮肤、骨骼、结缔组织和腺体中含硅较多，尤以淋巴结中含硅量最高。在鸟的羽毛和动物的毛发中也含有硅。
>
> 硅也是植物必需的一种元素。植物中含硅越多，茎、叶就越硬。

硅有晶体硅和无定形硅两种同素异形体。晶体硅是无色到棕色、硬而脆的固体，有金属光泽，熔点 142 ℃，沸点 2 360 ℃，密度 2.35 g/cm^3，均低于金刚石；无定形硅是棕色或灰黑色粉末，熔点、密度和硬度也明显低于晶体硅。

硅和碳相似，化学性质不活泼。在常温下，除氟气（F_2）、氢氟酸（HF）和强碱溶液外，其他物质都不与硅起反应。例如，硅与氢氧化钠溶液反应生成硅酸钠（Na_2SiO_3）和氢气。

$$Si+2NaOH+H_2O \Longrightarrow Na_2SiO_3+2H_2\uparrow$$

在工业上，常用碳在高温下还原二氧化硅（SiO_2），制得含有少量杂质的粗硅。将粗硅提纯后，可以得到用作半导体材料的高纯硅。

$$SiO_2+2C \xrightarrow{\text{高温}} Si+2CO\uparrow$$

硅的用途非常广泛。硅可用来制造集成电路、晶体管、硅整流器等；硅的合金还可用来制造变压器铁芯、耐酸设备等。

二、二氧化硅

天然二氧化硅（SiO_2）也称硅石，是坚硬难熔的固体，在自然界中以晶体和无定形存在。纯净的二氧化硅晶体又称石英，无色透明晶体（俗称"水晶"）。紫水晶、玛瑙和碧玉都是含有杂质的二氧化硅晶体。天然硅藻土的主要成分是无定形二氧化硅，它是由单细胞水生植物硅藻的遗骸沉积所形成，具有孔隙度大、吸收性强、化学性质稳定、耐磨、耐热等特点。

二氧化硅的性质很稳定，但在高温下，它可与碱性氧化物、强碱及某些盐发生化学反应生成硅酸盐。

$$SiO_2+CaO \xrightarrow{\text{高温}} CaSiO_3$$
$$SiO_2+2NaOH \Longrightarrow Na_2SiO_3+H_2O$$

除氢氟酸外，二氧化硅不与一般的酸发生反应。利用这一性质可进行玻璃刻花，在玻璃上刻蚀精美的花纹图案。

$$SiO_2+4HF \Longrightarrow SiF_4\uparrow+2H_2O$$

二氧化硅用途广泛。晶态二氧化硅用于制造石英玻璃和光纤；透明的石英晶体用于制造电子工业的重要部件、光学仪器和工艺品；普通石英砂用作制造玻璃和建筑材料。

知识拓展

硅酸盐种类很多，组成和结构比较复杂，分子内部含有多个硅原子，故称为多硅酸盐，其组成通常用 SiO_2 和金属氧化物的形式来表示。例如：

石棉	$CaO \cdot 3MgO \cdot 4SiO_2$
正长石	$K_2O \cdot Al_2O_3 \cdot 6SiO_2$
高岭土	$Al_2O_3 \cdot 2SiO_2 \cdot 2H_2O$
滑石	$3MgO \cdot 4SiO_2 \cdot H_2O$

多硅酸盐是构成地壳岩石的主要成分，而岩石风化的产物是构成土壤的主要成分。在空气、水和生物等的共同作用下，岩石会被缓慢分解破坏，发生"岩石的风化"。由于这个过程极其缓慢，所以土壤是经过很长时间才得以形成的。

硅酸盐有广泛的用途，建筑业用的砖、水泥、玻璃、耐火材料等都是硅酸盐产品，日常生活中用的精美的瓷器也是硅酸盐产品。硅酸盐工业已成为国民经济中的重要产业。

本 章 小 结

一、非金属单质

单质	物理性质	化学性质
氯气 (Cl_2)	常温下，氯气是有强烈刺激性气味的黄绿色气体，有毒，能溶于水	与金属反应：$2Na + Cl_2 \xrightarrow{点燃} 2NaCl$ $2Fe + 3Cl_2 \xrightarrow{点燃} 2FeCl_3$ 与非金属反应：$H_2 + Cl_2 \xrightarrow{点燃} 2HCl$ 与水反应：$Cl_2 + H_2O = HCl + HClO$ 与碱反应：$2NaOH + Cl_2 = NaCl + NaClO + H_2O$
硫 (S)	单质硫是淡黄色的晶体，不溶于水，易溶于二硫化碳中	与金属反应：$2Cu + S \xrightarrow{\triangle} Cu_2S$ 与非金属反应：$H_2 + S \xrightarrow{\triangle} H_2S$
氮气 (N_2)	常温下，氮气是无色、无味的气体，不可燃，不助燃	与氢气反应：$N_2 + 3H_2 \xrightarrow[催化剂]{高温、高压} 2NH_3$ 放电条件下：$N_2 + O_2 \xrightarrow{放电} 2NO$
硅 (Si)	硅有晶体硅和无定形硅两种同素异形体	与氢氧化钠反应：$Si + 2NaOH + H_2O = Na_2SiO_3 + 2H_2 \uparrow$ 与碳反应：$SiO_2 + 2C \xrightarrow{高温} Si + 2CO \uparrow$

二、非金属气态氢化物

氢化物	物理性质	化学性质
氯化氢 （HCl）	氯化氢是无色、有刺激性气味的气体，氯化氢的水溶液称为氢氯酸，俗称盐酸	具有酸的一切通性，能与金属、金属氧化物、碱和盐等发生反应。
硫化氢 （H_2S）	硫化氢是无色、有臭鸡蛋气味的气体，它的水溶液称为氢硫酸。	与氧气反应： $2H_2S+3O_2（充足）\xrightarrow{点燃}2SO_2+2H_2O$ $2H_2S+O_2（不充足）\xrightarrow{点燃}2S\downarrow+2H_2O$ 与二氧化硫反应： $2H_2S+SO_2\Longrightarrow2H_2O+3S\downarrow$
氨 （NH_3）	氨是无色、有强烈刺激性气味的气体，氨的水溶液称为氨水；易液化，液氨可作制冷剂	与水反应： $NH_3+H_2O\Longrightarrow NH_3\cdot H_2O\Longrightarrow NH_4^++OH^-$ 与酸反应：$NH_3+HCl\Longrightarrow NH_4Cl$

三、非金属氧化物

氧化物	物理性质	化学性质
二氧化硫 （SO_2）	二氧化硫是无色、有刺激性气味的气体，易溶于水；有毒，是大气主要污染物	与水反应： $SO_2+H_2O\Longrightarrow H_2SO_3$
一氧化氮（NO） 二氧化氮 （NO_2）	常温下，一氧化氮很易被空气中的氧氧化；NO 和 NO_2 都是大气主要污染物	与氧气反应： $2NO+O_2\Longrightarrow2NO_2$ 与水反应： $3NO_2+H_2O\Longrightarrow2HNO_3+NO$
二氧化硅 （SiO_2）	以晶体和无定形存在，纯净的二氧化硅晶体又称石英	与金属氧化物反应： $SiO_2+CaO\xrightarrow{高温}CaSiO_3$ 与氢氧化钠反应： $SiO_2+2NaOH\Longrightarrow Na_2SiO_3+H_2O$ 与氢氟酸反应： $SiO_2+4HF\Longrightarrow SiF_4\uparrow+2H_2O$

四、硫酸和硝酸

酸	物理性质	化学性质
硫酸 （H_2SO_4）	纯硫酸是无色、难挥发的油状液体	吸水性：浓硫酸对水有强烈的亲和作用，并放出大量热。实验室常用作干燥剂。 脱水性：浓硫酸能把氢氧两种元素按照 2∶1 的比例从有机物中夺取出来，使有机物炭化。 氧化性： $2H_2SO_4（浓）+Cu\xrightarrow{\triangle}CuSO_4+2H_2O+SO_2\uparrow$ $2H_2SO_4（浓）+C\xrightarrow{\triangle}CO_2+2H_2O+2SO_2\uparrow$

（续）

酸	物理性质	化学性质
硝酸 （HNO_3）	纯硝酸是无色、易挥发、有刺激性气味的液体	不稳定性：$4HNO_3 \xrightarrow[\text{或光照}]{\triangle} 2H_2O + 4NO_2\uparrow + O_2\uparrow$ 氧化性： $Cu + 4HNO_3（浓）=\!=\!=Cu(NO_3)_2 + 2NO_2\uparrow + 2H_2O$ $3Cu + 8HNO_3（稀）=\!=\!=3Cu(NO_3)_2 + 2NO\uparrow + 4H_2O$

五、重要非金属离子的检验

离子	检验方法	离子方程式
氯离子 （Cl^-）	向溶液中加入硝酸银试液，如生成的白色沉淀不溶于稀硝酸，说明溶液中含有 Cl^-	$Cl^- + Ag^+ =\!=\!= AgCl\downarrow$ （白色）
硫离子 （S^{2-}）	向溶液中加入醋酸铅试液，如有黑色沉淀生成，说明溶液中含有 S^{2-}	$S^{2-} + Pb^{2+} =\!=\!= PbS\downarrow$ （黑色）
硫酸根离子 （SO_4^{2-}）	向溶液中加入氯化钡试液，如生成的白色沉淀不溶于稀酸（稀盐酸或稀硝酸），说明溶液中含有 SO_4^{2-}	$SO_4^{2-} + Ba^{2+} =\!=\!= BaSO_4\downarrow$ （白色）
磷酸根离子 （PO_4^{3-}）	向溶液中加入硝酸酸化的钼酸铵试液，如有黄色沉淀生成，说明溶液中含有 PO_4^{3-}	$PO_4^{3-} + 3NH_4^+ + 12MoO_4^{2-} + 24H^+ =\!=\!=$ $(NH_4)_3P(Mo_3O_{10})_4\downarrow + 12H_2O$ （黄色）

第四章　重要的金属元素及其化合物

◀ 学 习 目 标 ▶

知识目标
1. 了解金属元素的通性；
2. 了解常见金属元素及其化合物的性质，以及在农业生产及日常生活中的应用。

能力目标
学会常见金属离子及其化合物的定性鉴定。

在人类社会几千年的发展进程中，金属与人类的关系十分密切，在国防科技、工农业生产和人们日常生活等方面都起着十分重要的作用。本章将在对常见金属的性质和用途初步了解的基础上，着重介绍几种重要的金属及其化合物。

第一节　金属元素概述

在人们已经发现的100多种元素中，金属元素有80多种，约占元素总数的4/5。在元素周期表中，金属元素位于每个周期的左边，如果从第ⅢA族的硼元素向右下角划一条阶梯形折线，则周期表的左下角区域都是金属元素（氢除外），右上角区域则是非金属和稀有气体元素，如图4-1所示。

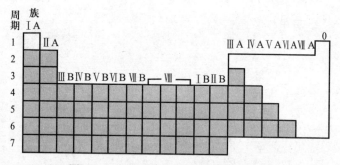

图4-1　金属元素在元素周期表中的位置

金属元素在自然界分布很广。除了极少数金属（如金、铂等）以游离态存在于自然界之外，绝大多数金属都以化合物的形式存在于各种矿石中，例如，铝、铁、锰等以氧化物矿的形式存在，铜、锌等以硫化物形式存在。此外，在动植物体内也含有多种金属元素，例如，在脊椎动物的血液中除含有钠、钾、钙、镁、铁等元素外，还含有铜、锌、铬、锰等多种金属元素。

在生物体内，如果某些必需的金属元素缺乏，就会影响健康甚至危及生命。

一、金属的物理性质

在常温下，除汞是液体外，其他金属都具有晶体结构。在金属晶体中，金属原子以最密集的方式堆积，在每一个金属原子的周围，都有许多个相同的原子围绕着。由于金属原子的最外层电子数比较少，且最外层电子与原子核的联系又比较松弛，所以金属原子很容易失去电子。这样，金属晶体中就包含着带有正电荷的金属阳离子和从金属原子上释放出来的电子，由于这些电子不是固定在某一金属离子的附近，而是在晶体中自由地运动着，因此，我们称之为**自由电子**，如图4-2所示。依靠自由电子的运动，金属原子和金属阳离子互相连接在一起，从而形成金属晶体。金属晶体的这种特殊结构，使得金属具有很多共同的物理性质，主要表现在：

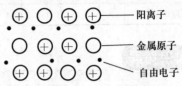

图4-2　金属的晶体结构

1. 颜色和光泽

除少数金属具有特殊的颜色外（如金呈黄色，铜呈紫红色），大多数金属均呈银白色。块状或片状的金属具有金属光泽，而当金属为粉末状态时，除镁、铝等少数金属仍保持原有的金属光泽外，一般金属都呈现黑色或暗灰色。

2. 延展性

一般地说，金属具有不同程度的延展性，可以抽成细丝或压成薄片，还可以锻造、轧制成各种不同的形状。不同的金属，延展性不同，其中以金的延展性最好。例如，最细的白金丝直径可达 $0.2\ \mu m$，最薄的金箔厚度只有 $0.1\ \mu m$。也有少数的金属（如锑、铋、锰等），性质较脆，延展性较差，受到敲打时易碎成小块。

3. 导电性和导热性

大多数金属具有良好的导电性和导热性。导电性好的金属，导热性也好。几种常见金属的导电性和导热性比较，如图4-3所示。

银的导电性最好，但价格昂贵，所以电器工业广泛应用的是铜和铝，一般的电线也都是用铜和铝制成的。

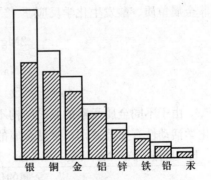

图4-3　几种金属导电性（斜线柱）和导热性（白柱）比较

4. 密度、硬度和熔点

大多数金属的密度、硬度较大，熔点较高，但差别也较大。表4-1、表4-2、表4-3分别列出了几种金属的密度、熔点和硬度。

表4-1　几种金属的密度

金属	钾	钠	钙	镁	铝	锌	锡	铁	镍	铜	银	铅	汞	金	铂
密度/(g/cm³)	0.86	0.97	1.55	1.74	2.70	7.14	7.3	7.86	8.9	8.92	10.5	11.34	13.6	19.3	21.45

表 4 - 2 几种金属的熔点

金属	汞	钾	钠	锡	铅	锌	镁	铝	银	金	铜	铁	铂	钨
熔点/℃	−39	62.3	98	232	328	419	651	660	961	1 062	1 083	1 535	1 772	3 410

表 4 - 3 几种金属的硬度和金刚石比较表

金属	金刚石	铬	钨	镍	铂	铁	铜	铝	银	锌	金	钙	镁	锡	铅	钾	钠
硬度	10	9	7	5	4.3	4	3	2.9	2.7	2.5	2.5	2.2	2.1	1.8	1.5	0.5	0.4

知识拓展

在冶金工业上，通常把金属分为黑色金属和有色金属两大类。黑色金属包括铁、铬、锰以及它们的合金。有色金属是指除铁、铬、锰以外的所有金属。

有色金属通常又分为轻金属、重金属、稀有金属和贵金属等。密度小于 4.5 g/cm³ 的，称为轻金属，如钾、钠、镁、铝等；密度大于 4.5 g/cm³ 的，称为重金属，如铜、铅、镍等。稀有金属是指在自然界含量少，分布稀散，提取困难的金属，如锆、钛、钼、铌等；贵金属是指在地壳中含量少，开采和提取困难，因价格比一般金属贵而得名，如金、银、铂等，这些金属性质稳定，且大多具有美丽的金属色泽。

二、金属的化学性质

一般地说，金属元素原子的最外层电子数少于 4 个，在化学反应时，易失去最外层的电子变成金属阳离子，表现出还原性。例如，在通常情况下，金属可与一些非金属单质、酸发生化学反应。

$$2Mg + O_2 \xrightarrow{\text{点燃}} 2MgO$$

$$2Na + Cl_2 \xrightarrow{\text{点燃}} 2NaCl$$

$$Zn + H_2SO_4（稀）=== ZnSO_4 + H_2 \uparrow$$

由于不同金属元素的原子结构不同，失去电子的难易程度也有所不同，因此，化学活动性有显著差别。常见金属的化学活泼性顺序如下：

K（最强）Ca Na Mg Al Zn Fe Sn Pb （H）Cu Hg Ag Pt Au(最弱)

金属的化学活泼性逐渐减弱 →

第二节　钠、钾及其化合物

钠（Na）、钾（K）是元素周期表中第 I A 族元素，由于这族元素的氧化物和水反应都生成强碱（氢除外），所以把它们统称为碱金属元素。碱金属元素是所在周期中最活泼的金属，是强还原剂。在碱金属元素中，钠、钾最为常见，它们的原子最外层电子数都是 1，在化学反应中很容易失去而形成 +1 价的阳离子。

钠和钾都是生物体中的常量元素，Na^+ 分布于体液中，而 K^+ 主要存在于细胞中，它们与 Cl^-、HCO_3^- 共同维持细胞内的渗透压，调节酸碱平衡，保持细胞容积。

钾还是许多酶的活化剂，对促进光合作用、糖类代谢，以及提高作物对不良环境的抗逆性，增强抗倒伏和抗病虫害具有显著作用。植物在生长期内需要大量钾，尤其是一些经济作物。而土壤中的钾大多存在于不易溶于水的复杂硅铝酸盐内，不易被植物吸收，因此，必须经常施用钾肥。

一、钠及其化合物

在自然界，钠以化合态的形式存在于许多无机物中，如氯化钠（$NaCl$）、碳酸钠（Na_2CO_3）、硫酸钠（Na_2SO_4）等。海水、矿泉水、盐湖水中有可溶性钠盐，动植物体内也含有钠的化合物。

1. 钠的物理性质

做中学	取一块金属钠，用滤纸吸干表面的煤油，然后用刀切去一端的外皮，观察切面的颜色和光泽。
	（1）金属钠块可以用刀切割，说明：金属钠，质_____（填硬或软）；
	（2）新切开的金属钠表面呈_____色，_____（填有或无）金属光泽；
	（3）想一想：金属钠为什么放在煤油里保存？

2. 钠的化学性质

钠原子最外层只有一个电子，在化学反应中很容易失去，因此，钠的化学性质非常活泼。

（1）钠与氧气的反应。

做中学	把新切开的一小块钠放在石棉网上加热。观察钠光亮的切面在空气中会发生什么变化？
	（1）新切开的钠放在空气中，表面会变_____（填亮或暗）；
	（2）小块钠在石棉网上加热、燃烧时，火焰呈_____色，形成的产物呈_____色。

常温下，钠能与空气中的氧气化合生成氧化钠（Na_2O）。但氧化钠不稳定，加

热时能继续与氧反应,生成比较稳定淡黄色的固体过氧化钠(Na_2O_2),燃烧时火焰呈黄色。

$$4Na + O_2 = 2Na_2O$$

$$2Na + O_2 \xrightarrow{\text{点燃}} Na_2O_2$$

> 过氧化钠可用于呼吸面具中,作为氧气的来源;也可用于紧急情况下,潜水艇内供氧。这是因为 Na_2O_2 能与二氧化碳作用,生成碳酸钠(Na_2CO_3)和氧气。
>
> $$2Na_2O_2 + 2CO_2 = 2Na_2CO_3 + O_2 \uparrow$$
>
> 这样,可以减少因供氧不足或缺氧引起窒息的危险。

(2) 钠与水的反应。

做中学	在一个盛有水的烧杯中,滴入几滴酚酞溶液,然后把一小块金属钠放入水中。观察钠与水起反应的情况和溶液颜色的变化。 （1）金属钠放入水中,钠块会变成_____,在水面上_____,同时,伴有"_____"的声音,直至逐渐消失; （2）溶液颜色由_____色变成_____色; （3）想一想:金属钠能否保存在水中?实验室里,通常将金属钠保存在液体石蜡和煤油中,为什么?

金属钠容易与水发生反应,生成氢氧化钠($NaOH$)和氢气。

$$2Na + 2H_2O = 2NaOH + H_2 \uparrow$$

钠可作为还原剂,用于冶炼金属;用在光电源上,高压钠灯发出的黄光射程远,透雾能力强,可用作路灯照明。

(3) 焰色反应。

很多金属及其化合物在灼烧时,会使火焰呈现特殊的颜色,这在化学上叫做焰色反应。

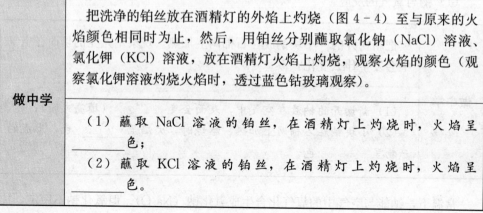

做中学	把洗净的铂丝放在酒精灯的外焰上灼烧(图 4-4)至与原来的火焰颜色相同时为止,然后,用铂丝分别蘸取氯化钠($NaCl$)溶液、氯化钾(KCl)溶液,放在酒精灯火焰上灼烧,观察火焰的颜色(观察氯化钾溶液灼烧火焰时,透过蓝色钴玻璃观察)。
	（1）蘸取 $NaCl$ 溶液的铂丝,在酒精灯上灼烧时,火焰呈_____色; （2）蘸取 KCl 溶液的铂丝,在酒精灯上灼烧时,火焰呈_____色。

很多金属，如钙、锶、钡、铜等及其化合物都能发生焰色反应。节日燃放的五光十色的焰火（图4-5），就是因为不同金属的焰色反应使夜空呈现出各种艳丽的色彩。

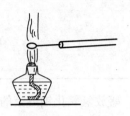

图4-4　焰色反应

图4-5　焰　火

一些金属及其离子反应呈现的颜色见表4-4。

表4-4　几种金属或金属离子焰色反应的颜色

金属或金属离子	钾（K）	铷（Rb）	钙（Ca）	锶（Sr）	钡（Ba）	铜（Cu）
焰色反应的颜色	紫色	紫色	砖红色	洋红色	黄绿色	绿色

利用焰色反应所呈现的特殊颜色，在分析化学上，可以鉴定金属或金属离子的存在。利用焰色反应，还可以制成各种焰火，增加节日气氛。

3. 钠的化合物

（1）氧化钠和过氧化钠。

氧化钠（Na_2O）是白色固体，能与水反应生成氢氧化钠。过氧化钠（Na_2O_2）是淡黄色粉末，易潮解，也能与水反应生成氢氧化钠，并放出氧气。

$$Na_2O + H_2O = 2NaOH$$
$$2Na_2O_2 + 2H_2O = 4NaOH + O_2\uparrow$$

学中做	在500 mL烧杯的底部铺一层细砂，砂上放一个蒸发皿。取2 g过氧化钠放在蒸发皿内，再用镊子夹取2块黄豆大小的白磷，用滤纸吸去水分后放在过氧化钠上。用滴管向过氧化钠滴1～2滴水，白磷便立即燃烧起来，产生浓浓的白烟。试解释原因。

（2）氢氧化钠。

氢氧化钠俗名烧碱、苛性钠，白色固体，易溶于水，溶解时放出大量的热，其水溶液呈强碱性。氢氧化钠在空气中易吸水潮解，能吸收二氧化碳，形成碳酸盐。例如：

$$2NaOH + CO_2 = Na_2CO_3 + H_2O$$

学中做	在空气中长时间放置少量金属钠，最终生成产物是（ ）。 A. Na$_2$O B. Na$_2$O$_2$ C. NaOH D. Na$_2$CO$_3$

氢氧化钠溶液具有腐蚀性，也能腐蚀玻璃。因此，盛放氢氧化钠溶液的玻璃瓶应使用橡皮塞。

$$2NaOH+SiO_2 =\!=\!= Na_2SiO_3+H_2O$$

氢氧化钠是重要的化工原料，大量用于石油冶炼、制药、肥皂工业。在兽医临床上，常用1％～3％的氢氧化钠溶液作消毒剂。

（3）碳酸钠和碳酸氢钠。

碳酸钠是重要的化工产品，广泛应用于玻璃、制皂、造纸、纺织、炼钢、炼铝等工业，在日常生活中，它常用作洗涤剂。碳酸氢钠是焙制糕点所用的发酵粉的主要成分之一。临床上，碳酸氢钠常用作抗酸药物，中和过多的胃酸（主要成分是盐酸）。

碳酸钠（Na$_2$CO$_3$）俗名纯碱、苏打。含结晶水的碳酸钠（Na$_2$CO$_3$·10H$_2$O）为白色晶体，易风化为白色粉末。碳酸钠性质较稳定，但能与酸作用放出二氧化碳，利用这一性质可检验 CO$_3^{2-}$ 离子的存在。

$$Na_2CO_3+2HCl =\!=\!= 2NaCl+CO_2\uparrow+H_2O$$

碳酸氢钠（NaHCO$_3$）俗名小苏打，细小的白色晶体，水溶液呈碱性，可与酸发生反应。

$$NaHCO_3+HCl =\!=\!= NaCl+CO_2\uparrow+H_2O$$

NaHCO$_3$ 不稳定，受热易分解。

$$2NaHCO_3 \xrightarrow{\triangle} Na_2CO_3+H_2O+CO_2\uparrow$$

学中做	如何区别 Na$_2$CO$_3$ 和 NaHCO$_3$？

（4）硫酸钠。

含结晶水的硫酸钠（Na$_2$SO$_4$·10H$_2$O）俗名芒硝，无色晶体，易溶于水；在空气中易风化，加热到 100 ℃时，可失去全部结晶水变成无水硫酸钠（Na$_2$SO$_4$，又称干燥芒硝）。医疗上常用作缓泻剂，也可作钡盐、铅盐的解毒剂。硫酸钠是制玻璃和造纸的重要原料，也常用于染色、纺织、制水玻璃等工业上。

二、钾及其化合物

1. 钾的性质

与金属钠相似，金属钾是银白色，具有一定的金属光泽，质软，可用刀切割，质轻。

钾比钠更活泼，在化学反应中很容易失去最外层电子，表现出很强的还原性。空气中，新切开的钾的剖面易氧化，很快失去金属光泽变暗，生成氧化钾（K_2O）。钾在空气中燃烧时，生成超氧化钾（KO_2），火焰呈紫色。通常，利用这种焰色反应来检验钾的存在。

$$4K+O_2 =\!\!= 2K_2O$$

$$K+O_2 \xrightarrow{\text{点燃}} KO_2$$

金属钾与水的反应比钠更剧烈，反应生成氢氧化钾（KOH）和氢气，放出的热量可使生气的氢气燃烧，并发出轻微爆炸声。

$$2K+2H_2O =\!\!= 2KOH+H_2\uparrow$$

2. 常见的钾盐

（1）碳酸钾。

碳酸钾（K_2CO_3）是白色粉末状物质，易溶于水，其水溶液呈碱性。草木灰的主要成分即为碳酸钾，向日葵茎的灰分中碳酸钾含量高达55％。农村多用草木灰作钾肥，兽医上用草木灰消毒。

（2）硫酸钾。

硫酸钾（K_2SO_4）是白色晶体，味苦，农业上用作钾肥。硫酸钾和硫酸铵相似，长期过量使用容易使土壤呈酸性，故又称生理酸性肥料。

第三节　镁、钙及其化合物

镁、钙都是元素周期表中第ⅡA族元素，它们的最外层都有2个电子，在化学反应中，容易失去最外层上的两个电子，最高正价为＋2价。在碱土金属元素中，镁、钙最为常见。

镁和钙是动植物必需的营养元素，在紫菜、小麦、燕麦、大麦、小米、豆类、肉类和动物的肝脏等食品中都含有丰富的镁，其中，紫菜含镁量最高，被喻为"镁元素的宝库"。镁是构成骨骼、牙齿的成分，是一些酶的激活剂，在体内还可以与钠、钾共同维持心脏、神经、肌肉等的正常生理功能。镁能促进糖酵解和脂肪代谢，有利于磷的吸收。镁缺乏时，会出现肌肉软弱、眩晕、精神抑郁等症状。镁还是叶绿素的组成成分，缺镁时，易使叶绿素的合成量减少，使叶片褪绿，使光合作用受到影响。

钙是构成动物骨骼、牙齿和植物细胞壁的重要成分，对维持心脏正常收缩和神经肌肉的兴奋性，促进凝血和保持细胞壁完整性等起着重要的作用。人体缺钙，会生长缓慢，骨质疏松；动物缺钙，也将引起发育不良，发生佝偻病和软骨病；植物缺钙，植株矮小，根系发育不良；苹果、梨缺钙，果实品质低劣、果皮上有枯斑。人体补钙的途径主要是服用钙片和鱼肝油，此外，奶制品、蛋黄、豆类、花生、虾皮等食品中，钙的含量也较高。

一、镁及其化合物

镁是自然界分布最广的元素之一，约占地壳质量的 2%。自然界中，镁常以化合态形式存在于菱镁石（$MgCO_3$）、白云石（$MgCO_3 \cdot CaCO_3$）、光卤石（$KCl \cdot MgCl_2 \cdot 6H_2O$）等矿石和海水中。

1. 镁的性质

金属镁是银白色、具有金属光泽的轻金属，略有延展性，能与非金属、水、酸等发生化学反应，但活泼性不如金属钠和钾。

（1）镁与非金属的反应。

在常温下，镁易被空气中的氧氧化，生成氧化镁（MgO），使其表面失去金属光泽，并在表面形成一层致密的氧化物保护膜，阻止内部金属继续发生氧化，因此，金属镁可置于空气中保存。

镁在燃烧时，发出强烈耀眼的白光，所以镁是制造照明弹的材料。

$$2Mg + O_2 \xrightarrow{\text{燃烧}} 2MgO$$

此外，镁还能与氮、硫、氯气等直接化合。

（2）镁与水的反应。

镁不易与冷水作用，但能与沸水发生反应，并放出氢气。

$$Mg + 2H_2O \xrightarrow{\triangle} Mg(OH)_2 \downarrow + H_2 \uparrow$$

（3）镁与酸的反应。

镁能把酸中的氢置换出来，放出氢气。

$$Mg + 2HCl = MgCl_2 + H_2 \uparrow$$

镁主要用来制造轻合金，用于飞机、汽车、火箭、导弹的制造，也用于制取烟火、闪光粉等。

2. 镁的化合物

（1）氧化镁。

氧化镁（MgO）又称苦土，松软的白色粉末状固体，不溶于水；熔点高（2 850 ℃），被广泛用作耐高温材料，用于制造陶瓷、耐火砖、镁质水泥、坩埚等，也是橡胶制造的填料。医药上用来作抗酸药物。

（2）硫酸镁。

硫酸镁或七水合硫酸镁（$MgSO_4 \cdot 7H_2O$）又称泻盐，无色晶体，易风化，易溶于水。医药上用作泻药，农业上用其作镁肥。

二、钙及其化合物

在自然界中，钙均以化合态形式存在于各种矿石中，大理石、石灰石、石膏、磷矿石等矿石中都含有钙，动物体的骨骼、牙齿中都含有钙的化合物。

1. 钙的性质

钙是具有银白色金属光泽的轻金属，主要用于制造轴承合金，也可作为某些稀有金属和合金的还原剂和脱氧剂。钙的化学性质与镁相似，能与非金属、水、酸发生反应。

2. 钙的化合物

（1）氢氧化钙。

氢氧化钙〔$Ca(OH)_2$〕俗称熟石灰，白色粉末状固体，微溶于水，有腐蚀性。氧化钙（CaO）溶于水制得氢氧化钙。

$$CaO + H_2O = Ca(OH)_2$$

氢氧化钙具有碱的通性，在空气中能吸收二氧化碳（CO_2），反应式：

$$Ca(OH)_2 + CO_2 = CaCO_3\downarrow + H_2O$$

氢氧化钙是重要的建筑材料，也可用于制糖和漂白粉。同时，氢氧化钙又具有消毒、杀菌、杀虫作用，用于树干、鱼塘、猪舍的消毒杀菌。

（2）碳酸钙。

碳酸钙（$CaCO_3$）是大理石、石灰石的主要成分。纯净的碳酸钙是白色晶体或粉末，不溶于水，但在二氧化碳的饱和水溶液中能生成可溶于水的碳酸氢钙〔$Ca(HCO_3)_2$〕。

$$CaCO_3 + H_2O + CO_2 = Ca(HCO_3)_2$$

高温下，碳酸钙煅烧可生成氧化钙和二氧化碳。

$$CaCO_3 \xrightarrow{\text{高温}} 2CaO + CO_2\uparrow$$

碳酸钙用于制造水泥、石灰，也是重要的化工原料，医疗上用作抗胃酸药物。

（3）石膏。

含 2 个结晶水的硫酸钙俗称生石膏（$CaSO_4 \cdot 2H_2O$），白色晶体，微溶于水。将生石膏加热到 $150\sim170\ ^{\circ}C$，可失去部分结晶水变成粉末状的熟石膏〔$(CaSO_4)_2 \cdot H_2O$〕。

$$2CaSO_4 \cdot 2H_2O \xrightarrow{150\sim170\ ^{\circ}C} (CaSO_4)_2 \cdot H_2O + 3H_2O$$

熟石膏与水混合，吸水后可逐渐硬化膨胀，可用来制造模型、塑像、粉笔及墙体的装饰品。医疗上用石膏来固定外科绷带和做清热药物。农业上，用石膏粉可改良土壤的理化性状。

3. 钙离子的鉴定

做中学	往试管中加入 1 mL $CaCl_2$ 溶液，用醋酸溶液酸化后，滴加饱和草酸铵溶液〔$(NH_4)_2C_2O_4$〕，观察有何现象？ （反应式：$Ca^{2+} + C_2O_4^{2-} = CaC_2O_4\downarrow$）
	滴加饱和草酸铵溶液后，试管中出现＿＿＿＿色混浊。该反应可用于钙离子（Ca^{2+}）的鉴定反应。

第四节　铝及其化合物

铝在元素周期表中位于第ⅢA族，称为硼族元素或土金属元素。铝元素的最外层有3个电子，在化学反应中容易失去而形成+3价的阳离子。铝及其化合物在工农业生产、国防工业和日常生活等方面有极为广泛的用途。纯铝可做超高电压的电缆；铝合金质轻而坚韧，是制造飞机、火箭、导弹、汽车的结构材料。在食品工业上，用铝制成饮料容器、罐头盒；日常生活中所用的锅、盘、匙等，大多也是由金属铝制成的。

> 铝是地壳和土壤中含量最多的金属，它的广泛应用导致动植物体内铝含量不断升高。在生物活性元素中，铝既不是生命元素，又不属于毒性元素。但人体摄取铝量过多时，会造成磷酸盐沉淀，使机体缺磷、骨质疏松，同时，也是导致老年性痴呆、心血管系统受损的重要原因。

一、铝的性质

铝是地壳中含量最多的金属元素，约占地壳总质量的 7.73%，仅次于氧、硅。在自然界中，铝主要以铝矾土（$Al_2O_3 \cdot 3H_2O$）、冰晶石（Na_3AlF_6）、明矾石 $[KAl(SO_4)_2 \cdot 12H_2O]$ 等铝矿石形式存在。

金属铝是银白色具有金属光泽的轻金属，有良好的韧性、延展性、导电性和导热性，硬度、强度较低。

铝的化学性质比较活泼，具有较强的还原性，能与非金属、酸、碱等物质发生反应。

1. 铝与氧气的反应

常温下，铝易被空气中的氧氧化，从而在铝表面生成一层致密的氧化物薄膜。这层保护膜能防止铝继续氧化，对内部的铝起保护作用。所以，铝具有防腐蚀、防锈的性能。

铝在氧气里能剧烈燃烧，发出耀眼的白光并冒白烟，生成白色的氧化铝粉末（Al_2O_3）。

$$4Al+3O_2 \xrightarrow{\text{点燃}} 2Al_2O_3$$

铝的这一性质在军事上常用作制造照明弹和燃烧弹的原料。

2. 铝与金属氧化物的反应

铝是较活泼的金属，能夺取某些金属氧化物里的氧，从而把其他金属置换出来。例如：

$$2Al+Fe_2O_3 \xrightarrow{\text{燃烧}} Al_2O_3+2Fe+Q$$

通常，把铝从金属氧化物中置换金属的反应，称为铝热反应。在工业上，铝热反应常用于钢轨的焊接和冶炼某些特殊金属（如钒、铬、锰）等。

3. 铝与酸、碱的反应

做中学	在 2 支试管中分别加入 5 mL 2 mol/L HCl 溶液和 2 mol/L NaOH 溶液，再各放入一小段铝片，观察有何实验现象。 　　（反应式：$2Al+2NaOH+2H_2O \xrightarrow{\hspace{1cm}} 2NaAlO_2+3H_2\uparrow$） 　　　　　　　　　　　　　　　　　　偏铝酸钠
	（1）在加入 2 mol/L HCl 溶液的试管中，可以看到＿＿＿＿＿；根据初中所学知识，你能写出发生反应的化学方程式吗？ 　　（　　）Al＋（　　）HCl ＝＝＝（　　）＿＿＿＿＋（　　）＿＿＿＿ 　　（2）在加入 2 mol/L NaOH 溶液的试管中，同样可以看到＿＿＿＿＿；由此可见，金属铝既能与酸反应，又能与碱反应，是典型的＿＿＿＿（填酸性、碱性或两性）元素。 　　（3）想一想：铝制餐具能否长时间盛放酸、碱性或咸味物质？

二、铝的化合物

1. 氧化铝

氧化铝（Al_2O_3）是白色粉末，熔点 2 050 ℃。天然的氧化铝晶体称为刚玉，其硬度仅次于金刚石。

 化学与生活

　　生活中，人们通常所说的"红宝石"和"蓝宝石"就是指混有少量不同氧化物杂质的刚玉，其中，含有微量铬的氧化物时称为"红宝石"，它不仅在可见光中显现红色，在紫外线的照射下，也会反射出一种迷人的红色星光；含有微量的铁和钛的氧化物时称为"蓝宝石"，在阳光下会显现出鲜艳的天蓝色星光。

　　"红宝石"象征热情似火，爱情的美好、永恒和坚贞；"蓝宝石"象征慈爱、忠诚和坚贞。现代生活中，刚玉不仅是贵重的装饰品，而且还可用作精密仪器和手表的轴承。

　　氧化铝不溶于水，也不与水起反应，但能与酸、碱发生反应，所以氧化铝是两性氧化物。

$$Al_2O_3+6HCl \xrightarrow{\hspace{1cm}} 2AlCl_3+3H_2O$$
$$Al_2O_3+2NaOH \xrightarrow{\hspace{1cm}} 2NaAlO_2+H_2O$$

2. 氢氧化铝

实验室里，通常用铝盐溶液跟氨水（$NH_3 \cdot H_2O$）反应制取 $Al(OH)_3$，反应式为：

$$Al_2(SO_4)_3+6NH_3 \cdot H_2O \xrightarrow{\hspace{1cm}} 2Al(OH)_3\downarrow+3(NH_4)_2SO_4$$

做中学	把实验室里制得的 $Al(OH)_3$ 沉淀分装在 2 支试管中，在其中一支试管中滴加 2 mol/L HCl 溶液，在另一支试管中滴加 2 mol/L NaOH 溶液，振荡，观察实验发生的现象。 ［反应式：$Al(OH)_3 + NaOH == NaAlO_2 + 2H_2O$］
	（1）在加入 2 mol/L HCl 溶液的试管中，可以看到_____；根据初中所学知识，你能写出发生反应的化学方程式吗？ （ ）$Al(OH)_3 +$（ ）HCl（稀）$==$（ ）_____ $+$（ ）_____ （2）在加入 2 mol/L NaOH 溶液的试管中，可以看到_____；可见，氢氧化铝既能与酸反应，表现出_____（填酸或碱）的性质，又能与碱反应，表现出_____（填酸或碱）的性质，因此，氢氧化铝是两性氢氧化物。

化学与生活

　　明矾 $[KAl(SO_4)_2 \cdot 12H_2O]$ 是硫酸钾（K_2SO_4）和硫酸铝 $[Al_2(SO_4)_3]$ 组成的一种复盐，它在水溶液中能解离成简单离子，其中 Al^{3+} 可与水发生水解反应，生成胶状的氢氧化铝胶体，具有很强的吸附能力，可以吸附水里悬浮的杂质，使水澄清，所以明矾常用作净水剂。

$$KAl(SO_4)_2 == K^+ + Al^{3+} + 2SO_4^{2-}$$
$$Al^{3+} + 3H_2O == Al(OH)_3 + 3H^+$$

医药上，明矾常用作收敛药和消毒药。

学中做	小苏打（$NaHCO_3$）和氢氧化铝凝胶 $[Al(OH)_3]$ 在医药上都可作为抗酸药，为什么？请写出化学方程式。（注：胃酸的主要成分是 HCl）

知识拓展

- -

　　在元素周期表中，硼和铝都位于第ⅢA族，硼是第ⅢA族唯一的非金属元素。硼是植物生长、发育所必需的微量元素，能促进植物光合作用，增强糖类物质在体内的运输，促进根茎生长和开花结实，增强植物的抗病能力。

植物对硼的需要量很少，但缺硼时，植物的根、茎等器官的生长发育受到阻碍，油菜、小麦等常发生"花而不实"，花期延长，结实很差。棉花出现"蕾而不实"，病株只现蕾不开花。农业上，多用硼酸（H_3BO_3）或硼砂（$Na_2B_4O_7 \cdot 10H_2O$）作根外追肥。

第五节　铜、铁、锰及其化合物

前面介绍的几种金属元素，都是元素周期表中的主族元素，本节将介绍位于元素周期表第Ⅷ族和副族的几种重要的金属元素及其化合物。这些元素的最外层电子数虽然比较少，但它们的化学性质并不活泼，是介于活泼金属和非金属之间的元素，称为过渡元素。一般来说，这些金属具有密度大、硬度大、熔点高、导电导热性能良好等特性。

一、铜及其化合物

铜是人类发现最早的金属之一，早在 3 000 多年前人类就开始使用铜。铜在自然界存在于多种矿石中，例如黄铜矿（$CuFeS_2$）、辉铜矿（Cu_2S）、孔雀石［$CuCO_3 \cdot Cu(OH)_2$］等。在元素周期表中，铜元素位于ⅠB族。

> 铜是生物体内不可缺少的微量元素之一。铜是生物体内多种重要酶的成分，与植物的呼吸作用和光合作用有关；铜还参与生物体内的氧化还原反应。铜缺乏时，人体血管与骨骼的脆性增加，还可能引起脑组织萎缩；植物缺铜时，不仅其生长和结实受到阻碍，使产量降低，还对以该植物为食的动物的健康产生影响，如食欲不振、下痢等。但过量的铜能使红细胞溶解，出现血红蛋白尿和黄液，并使组织细胞坏死，导致家畜迅速死亡。
>
> 因此，世界卫生组织推荐成人每天应摄入 2～3 mg 的铜。由于人体所需的铜自身不能合成，必须通过日常膳食和饮用水摄入足够的铜。许多天然植物，例如，坚果类、豆类、谷类、蔬菜、动物的肝脏、肉类及鱼类等都含有丰富的铜。

1. 铜的性质

金属铜是紫红色、具有金属光泽的金属，有很好的延展性、导热性和导电性。铜原子的最外电子层上有 1 个电子，在化学反应中容易失去而成为 +1 价的阳离子（Cu^+，亚铜离子），同时，还能再失去次外层上的一个电子而成为 +2 价的阳离子（Cu^{2+}，铜离子）。所以，铜元素在化合物中通常显 +1 价、+2 价。

（1）铜与非金属的反应。

常温下，金属铜不活泼，在干燥空气中不与氧发生反应；但在加热时，金属铜能与 O_2、Cl_2、S 等非金属发生化合反应。例如：

$$2Cu+O_2 \xrightarrow{\text{点燃}} 2CuO$$

$$Cu+Cl_2 \xrightarrow{\text{点燃}} CuCl_2$$

金属铜露置在潮湿的空气中，表面会生成一层绿色的碱式碳酸铜 $[Cu_2(OH)_2CO_3]$，俗称铜锈、铜绿。

（2）铜与强氧化性酸的反应。

铜可与浓硫酸或硝酸等发生反应，反应式为：

$$Cu+2H_2SO_4（浓）\xrightarrow{\triangle}CuSO_4+2H_2O+SO_2\uparrow$$

$$Cu+4HNO_3（浓）==Cu(NO_3)_2+2NO_2\uparrow+2H_2O$$

（3）铜与盐的反应。

做中学	在1支放有铜片的试管中，滴加 $2\,mol/L\,FeCl_3$ 溶液（棕黄色），振荡，观察实验发生的现象。
	（1）试管中，溶液颜色由_____色逐渐变成_____色，同时，铜片不断溶解，说明铜片与 $FeCl_3$ 溶液发生了反应。 （2）根据初中所学的金属与盐发生置换反应的知识，你能写出反应的化学方程式吗？ （　）Cu+（　）$FeCl_3$==（　）_____+（　）_____

2. 铜的化合物

（1）铜的氧化物。

铜的氧化物有两种，黑色的氧化铜（CuO）和红色氧化亚铜（Cu_2O）。天然矿物中含有这两种物质，前者称黑铜矿，后者称赤铜矿。二者都不溶于水，易溶于酸。

（2）硫酸铜。

硫酸铜（$CuSO_4\cdot5H_2O$）又称胆矾、蓝矾，在工农业生产和日常生活中有广泛的用途。例如，硫酸铜和石灰乳的混合液（波尔多液），是消除病虫害的有效杀菌剂，可以控制所有霉菌或真菌引起的病害。硫酸铜是猪和鸡的助长剂，可以促进食欲，增进食物的转化，在饲料中拌入 0.1% 的硫酸铜，能够显著地促进猪和肉鸡的增重。

二、铁及其化合物

铁在自然界分布很广，在地壳中的的含量仅次于氧、硅、铝，居第四位，是历史悠久、应用最广泛、用量最大的金属。自然界中，单质铁极少，绝大部分与氧结合成铁矿石。其中最重要的是赤铁矿（Fe_2O_3）、磁铁矿（Fe_3O_4）、褐铁矿（$2Fe_2O_3\cdot H_2O$）和菱磁矿（$FeCO_3$）等。

铁是动植物生长必需的微量元素之一。成人体内的总铁量为 $4\sim5\,g$，其中 75% 以上的铁与血红蛋白结合，通过血液形式流经全身；其余部分的铁，则以肌红蛋白、铁蛋白和含铁血黄素的形式存在于肝、脾、肾、骨髓、骨骼肌和肠粘膜等组织中。缺铁会引起缺铁性贫血（又称营养性贫血），表现为面色苍白，并伴有头昏、无力、心慌、气急等症状。

在植物体内，铁是制造叶绿素不可缺少的催化剂，参与植物呼吸作用和生物固氮作用，是植物有氧呼吸酶和生物固氮酶的重要组成物质。

1. 铁的性质

纯铁是银白色、具有金属光泽的重金属，有良好的导电性、导热性和延展性；能被磁铁吸引，具有铁磁性；是制造发电机和电动机必不可少的材料。

铁原子的最外电子层上有 2 个电子，在化学反应中容易失去而成为＋2 价的阳离子（Fe^{2+}，亚铁离子）。此外，铁原子在化学反应中还能再失去次外层上的一个电子而成为＋3 价的阳离子（Fe^{3+}，铁离子）。所以，铁元素在化合物中通常显＋2价、＋3 价。

（1）铁与非金属的反应。

在常温下，铁在干燥的空气里与氧、硫、氯等典型的非金属不发生显著的化学反应，但在一定条件下，铁能与之发生反应。例如：

$$3Fe+2O_2 \xrightarrow{\text{点燃}} Fe_3O_4$$

$$2Fe+3Cl_2 \xrightarrow{\text{点燃}} 2FeCl_3$$

学中做	下列关于铁的叙述中，正确的是（　　）。 A. 纯净的铁单质的颜色为黑褐色 B. 铁是地壳中含量最多的金属元素 C. 铁制容器在常温下不能存放浓硫酸 D. 铁位于元素周期表中第Ⅷ族

（2）铁与水的反应。

红热的铁跟水蒸气起反应，生成四氧化三铁（Fe_3O_4）和氢气。

$$3Fe+4H_2O(g) \xrightarrow{\text{高温}} Fe_3O_4+4H_2\uparrow$$

常温下，铁与水不起反应。但在潮湿空气中，铁易发生腐蚀而生锈，铁锈的主要成分是 $Fe_2O_3 \cdot nH_2O$。

🧪 实践活动

铁的腐蚀现象是非常普遍的。生活中，我们随处可见生锈的铁丝、铁钉、铁块等，腐蚀不仅使铁表面的色泽和外形发生了变化，而且使铁的性能也发生了改变。那么，金属铁久置空气中，为什么会被腐蚀呢？请围绕铁的腐蚀和防护，查阅资料，写一篇小报告，并与同学交流。

（3）铁与酸的反应。

<table>
<tr><td rowspan="3">**做中学**</td><td>　　结合初中所学金属与酸发生置换反应的知识，请写出金属铁与稀盐酸、稀硫酸发生反应的化学方程式。</td></tr>
<tr><td>

</td></tr>
</table>

（4）铁与盐的反应。

铁与比它活泼性弱的金属的盐溶液反应时，能把这种金属从其盐溶液中置换出来。

$$Fe+CuCl_2 =\!\!=\!\!= FeCl_2+Cu$$

此外，铁也能溶于三氯化铁溶液。

$$Fe+2FeCl_3 =\!\!=\!\!= 3FeCl_2$$

2. 铁的重要化合物

（1）铁的氧化物。

铁的氧化物有氧化亚铁（FeO）、氧化铁（Fe_2O_3）、四氧化三铁（Fe_3O_4）等。FeO 是黑色粉末，性质不稳定，在空气中加热即迅速被氧化成 Fe_3O_4。

Fe_2O_3 是红棕色粉末，俗称铁红，常用作油漆的颜料等。

Fe_3O_4 是具磁性的黑色粉末，俗称磁性氧化铁，是一种复杂的化合物。特制的磁性氧化铁可以制造录音磁带和电信器材。

铁的氧化物 FeO 和 Fe_2O_3 不能跟水发生化学反应，但能跟酸起反应，分别生成亚铁盐和铁盐。

$$FeO+2HCl =\!\!=\!\!= FeCl_2+H_2O$$
$$Fe_2O_3+6HCl =\!\!=\!\!= 2FeCl_3+3H_2O$$

（2）铁的氢氧化物。

铁的氢氧化物有氢氧化亚铁 $[Fe(OH)_2]$ 和氢氧化铁 $[Fe(OH)_3]$ 两种。$Fe(OH)_2$是白色絮状沉淀，在空气中不稳定，能被氧化成红褐色的 $Fe(OH)_3$。在氧化过程中，颜色由白色变成灰绿色，最终变为红褐色。

$$4Fe(OH)_2+O_2+2H_2O =\!\!=\!\!= 4Fe(OH)_3\downarrow$$

<table>
<tr><td rowspan="3">**做中学**</td><td>　　在 1 支试管里加入新制的 2 mL 0.1 mol/L $FeSO_4$ 溶液，用胶头滴管吸取1 mol/L NaOH溶液，将滴管尖端插入试管中溶液的底部，缓慢滴加 NaOH 溶液，观察发生的现象。</td></tr>
<tr><td>（1）观察到的现象：

</td></tr>
<tr><td>（2）写出有关反应的化学方程式：

</td></tr>
</table>

$Fe(OH)_2$ 和 $Fe(OH)_3$ 都是不溶性碱，它们能溶解于酸。

$Fe(OH)_3$ 受热不稳定，易分解。

$$2Fe(OH)_3 \xrightarrow{\triangle} Fe_2O_3 + 3H_2O$$

（3）硫酸亚铁晶体。

硫酸亚铁晶体（$FeSO_4 \cdot 7H_2O$）又称绿矾，淡绿色晶体，易溶于水。在潮湿的空气中，绿矾能逐渐被氧化而变成黄棕色的碱式硫酸铁，市售的硫酸亚铁表面呈黄棕色，就是这个原因。因此，硫酸亚铁必须保存在密闭容器中。

绿矾在农业上用作杀菌剂，也是一种微量元素肥料，可防治小麦黑穗病和条纹病等；在医药上，作内服药用于治疗缺铁性贫血；工业上，用于制造蓝黑墨水和媒染剂，也可用于木材防腐。

（4）三氯化铁。

三氯化铁（$FeCl_3$）是棕黄色固体，易潮解，易溶于水。三氯化铁易水解生成氢氧化铁，因此，配制三氯化铁溶液时，通常在水中加入少量的盐酸，以抑制水解。

$$FeCl_3 + 3H_2O \Longleftrightarrow Fe(OH)_3 + 3HCl$$

做中学	在 2 支试管中各加入 2 mL 0.1 mol/L $FeCl_3$ 溶液和 2 mL 0.1 mol/L $FeSO_4$ 溶液，再各滴入 2 滴 0.1 mol/L 硫氰化钾（KSCN）溶液，根据观察到的现象，你能得出鉴别 Fe^{3+}、Fe^{2+} 离子的方法吗？ 〔反应式：$Fe^{3+} + 3SCN^- \Longleftrightarrow Fe(SCN)_3$〕

知识拓展

金属钛被称为继铁、铝之后的第三金属，也有人说"21 世纪将是钛的世纪"。金属钛具有熔点高、密度小、机械强度大、抗腐蚀性强等特点，因此，已成为现代工业上最重要的金属材料之一，广泛用于制造超音速飞机、人造卫星外壳、核潜艇、宇宙飞船船舱，以及医疗卫生、石油化工等方面的耐腐蚀设备。

在医学上，钛还有独特的用途，可用来代替损坏的骨头，因而金属钛被称为"奇异金属"或"亲生物金属"。

三、锰及其化合物

锰是在地壳中广泛分布的元素之一。在元素周期表中，锰元素位于第ⅦB族，化合价有+2、+4和+7价。

> 锰是动物体内的一种微量元素，主要存在于坚果、谷物和水果中。它是许多酶的激活剂，广泛分布于动物体的所有组织中。锰在体内参与糖类、脂肪的代谢，参与骨骼基质中硫酸软骨素的形成，是家畜正常繁殖和骨骼正常发育所必需的金属元素。锰缺乏时，会出现骨骼发育不良、畸形、性腺退化等症状。
>
> 锰对植物的呼吸和光合作用也具有重要的意义，锰能促进种子发芽和幼苗早期生长。用硫酸锰浸种和喷施花生、水稻、棉花、豌豆等，能增加产量。

1. 锰的性质

块状的锰呈银白色的金属光泽，在空气中表面变暗，质硬而脆。锰广泛应用于钢铁领域和其他工业领域，如炼钢做脱氧剂；建材工业上，常用作玻璃和陶瓷的着色剂和褪色剂等。

2. 锰的化合物

高锰酸钾（$KMnO_4$）是紫黑色晶体，有金属光泽，能溶于水，其水溶液呈紫红色。

高锰酸钾是一种强氧化剂，但在不同的酸、碱溶液中，氧化产物不同。在强酸性溶液中，高锰酸钾与亚硫酸钾（K_2SO_3）作用，被还原为无色的硫酸锰（$MnSO_4$）。

$$2KMnO_4+5K_2SO_3+3H_2SO_4 =\!= 2MnSO_4+6K_2SO_4+3H_2O$$

在分析化学上，通常用高锰酸钾标准溶液测定还原性物质的含量。医药上，高锰酸钾常作消毒剂用。

知识拓展

锌是人体金属酶的组成成分或酶的激活剂，在动物体内，含锌的酶多达80余种，它们各有不同的功能。例如，哺乳动物红细胞中的碳酸酐酶含有锌，可催化二氧化碳的水合作用；胰脏中羧酞酶 A 中含有锌，可催化蛋白质的水解，影响生长素的形成等。锌也是植物生长的一种重要元素，对促进玉米、柑橘等的生长发育与产量提高有很大影响。

锌缺乏时，易出现贫血、生长停滞、生殖功能不全等症状。

实践活动

在元素周期表中，有许多元素在生物体内具有十分重要的功能。请你以"化学元素与人体健康"为题，选择1～2种元素，撰写一篇小短文，并与同学进行交流。

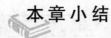

本章小结

一、金属的通性

依靠自由电子的运动，金属原子和金属阳离子互相连接在一起，从而形成金属晶体。金属晶体的这种特殊结构，使得金属具有很多共同的物理性质，即都有一定的颜色、光泽、延展性、导电性和导热性，大多数金属的密度、硬度较大，熔点较高。

一般地说，在化学反应时，金属元素易失去最外层的电子变成金属阳离子，表现出还原性。

二、重要的金属单质

物质名称	颜色、状态	化学性质
钠 （Na）	银白色固体	与氧气反应：$4Na+O_2 == 2Na_2O$ $2Na+O_2 \xrightarrow{点燃} Na_2O_2$ 与水反应：$2Na+2H_2O == 2NaOH+H_2\uparrow$
钾 （K）	银白色固体	与氧气反应：$4K+O_2 == 2K_2O$ $2K+O_2 \xrightarrow{点燃} KO_2$ 与水反应：$2K+2H_2O == 2KOH+H_2\uparrow$
镁 （Mg）	银白色固体	与氧气反应：$2Mg+O_2 \xrightarrow{点燃} 2MgO$ 与水反应：$Mg+2H_2O \xrightarrow{\triangle} Mg(OH)_2\downarrow +H_2\uparrow$ 与酸反应：$Mg+2HCl == MgCl_2+H_2\uparrow$
铝 （Al）	银白色固体	与氧气反应：$4Al+3O_2 \xrightarrow{点燃} 2Al_2O_3$ 与金属氧化物反应：$2Al+Fe_2O_3 \xrightarrow{高温} Al_2O_3+2Fe$ 与酸反应：$2Al+6HCl == 2AlCl_3+3H_2\uparrow$ 与氢氧化钠反应：$2Al+2NaOH+2H_2O == 2NaAlO_2+3H_2\uparrow$
铁 （Fe）	黑色固体	与氧气反应：$3Fe+2O_2 \xrightarrow{点燃} Fe_3O_4$ 与水反应：$3Fe+4H_2O(g) \xrightarrow{高温} Fe_3O_4+4H_2\uparrow$ 与盐反应：$Fe+CuCl_2 == FeCl_2+Cu$
铜 （Cu）	紫红色固体	与氧气反应：$2Cu+O_2 \xrightarrow{点燃} 2CuO$ 与酸反应：$Cu+2H_2SO_4（浓）\xrightarrow{\triangle} CuSO_4+2H_2O+SO_2\uparrow$ $Cu+4HNO_3（浓）== Cu(NO_3)_2+2NO_2\uparrow +2H_2O$

三、几种重要的金属化合物

物质名称	颜色、状态	化学性质
氧化钠 过氧化钠	白色粉末	均与水反应：$Na_2O + H_2O =\!= 2NaOH$ $2Na_2O_2 + 2H_2O =\!= 4NaOH + O_2 \uparrow$
氢氧化钠	白色固体	与非金属氧化物反应：$2NaOH + CO_2 =\!= Na_2CO_3 + H_2O$ $2NaOH + SiO_2 =\!= Na_2SiO_3 + H_2O$
碳酸钠	白色粉末	与酸作用：$Na_2CO_3 + 2HCl =\!= 2NaCl + H_2O + CO_2 \uparrow$
碳酸氢钠	白色晶体	与酸作用：$NaHCO_3 + HCl =\!= NaCl + H_2O + CO_2 \uparrow$ 受热分解：$2NaHCO_3 \xrightarrow{\triangle} Na_2CO_3 + H_2O + CO_2 \uparrow$
氢氧化钙	白色粉末	与二氧化碳反应：$Ca(OH)_2 + CO_2 =\!= CaCO_3 \downarrow + H_2O$
氧化铝	白色粉末	与酸反应：$Al_2O_3 + 6HCl =\!= 2AlCl_3 + 3H_2O$ 与碱反应：$Al_2O_3 + 2NaOH =\!= 2NaAlO_2 + H_2O$
氢氧化铝	白色胶状物质	与酸反应：$Al(OH)_3 + 3HCl =\!= AlCl_3 + 3H_2O$ 与碱反应：$Al(OH)_3 + NaOH =\!= NaAlO_2 + 2H_2O$
氧化亚铁 氧化铁 四氧化三铁	FeO 黑色粉末 Fe_2O_3 红棕色粉末 Fe_3O_4 黑色粉末	均与酸反应：$FeO + 2HCl =\!= FeCl_2 + H_2O$ $Fe_2O_3 + 6HCl =\!= 2FeCl_3 + 3H_2O$
氢氧化亚铁	$Fe(OH)_2$ 白色固体	被空气氧氧化：$4Fe(OH)_2 + O_2 + 2H_2O =\!= 4Fe(OH)_3$
氢氧化铁	$Fe(OH)_3$ 红褐色固体	与酸反应：$Fe(OH)_3 + 3H^+ =\!= Fe^{3+} + 3H_2O$

四、重要金属离子的检验

离子	检验方法	化学方程式或离子方程式
钙离子 （Ca^{2+}）	向醋酸溶液酸化后的溶液中滴加饱和草酸铵试液，如有白色沉淀生成，说明有 Ca^{2+} 存在。	$Ca^{2+} + C_2O_4^{2-} =\!= CaC_2O_4 \downarrow$
铁离子 （Fe^{3+}）	向溶液中滴入几滴硫氰化钾（KSCN）溶液，如呈红色溶液，说明有 Fe^{3+} 存在。	$Fe^{3+} + 3SCN^- =\!= Fe(SCN)_3$

第五章　定量分析概论

◀ 学习目标 ▶

知识目标

1. 了解定量分析误差的来源、分类及减免措施，了解准确度、精密度及其表示法；

2. 理解有效数字的概念及其修约和运算规则；

3. 了解滴定分析对化学反应的要求，了解常见滴定分析方法及其应用；

4. 了解光的吸收定律和吸光光度分析的应用。

能力目标

1. 学会正确判断定量分析中产生的误差，以及对滴定分析结果的正确处理；

2. 学会分析天平的使用、标准溶液的配制，以及常用滴定分析仪器的操作方法；

3. 学会运用分光光度计测定试样中微量组分的含量。

分析化学是化学领域中的一个重要组成部分，是研究物质的化学组成、组分含量以及结构分析的原理、方法和技术的一门科学，包括定性分析、定量分析和结构分析。定性分析是确定物质的组成成分，即鉴定物质是由何种元素、离子或有机官能团所组成，解决"是什么"的问题；定量分析是测定物质中各组分的相对含量，解决"有多少"的问题；结构分析则是研究物质的分子结构与晶体结构。

在现代分析工作中，分析化学作为一种重要的分析手段和工具，无论在饲料及农副产品的营养成分分析、土壤成分分析、肥料和农药的质量检测、水质的理化检验，还是在生命科学、医药和环境质量监测等方面都具有广泛的应用。本章主要介绍定量分析的基础知识和基本操作技能。

第一节　误差和分析结果处理

在定量分析中，要求分析结果必须具有一定的准确度，能客观反映试样中被测组分的含量。但是在分析过程中，即使采用最先进的仪器和方法，即使由专业的分析技术人员对同一试样进行多次测定，由于分析方法、测量仪器、试剂和分析人员的主观因素等影响，分析结果与其真实含量也不可能完全一致；即使在相同的条件下，对同一试样进行多次重复测定，也不可能得到完全相同的测定结果。这就是说，在分析过程中，误差是客观存在的。因此，有必要了解分析过程中误差产生的原因及其规律，研究减小误差的方法，把误差减少到最小，以提高分析结果的准确性。

一、误差的分类及其产生原因

在定量分析中，误差按其性质及产生的原因，大致可分为系统误差和偶然误差。

1. 系统误差

系统误差是指在分析过程中，由于某些固定的、经常性的因素所引起的误差。系统误差对分析结果的影响比较固定，使测定结果经常偏高或偏低，表现单向性，在重复测定中，它会重复出现。由于这类误差的大小和正负是可测的，所以又称可测误差。

系统误差产生的主要原因有：

（1）方法误差。

由于分析方法本身不够完善而引起的误差。例如，在滴定过程中，反应不完全、化学计量点与滴定终点不一致等引起的误差。

（2）仪器与试剂误差。

由于仪器或量具本身不够精确或所使用的试剂不纯引起的误差。例如，砝码和容量分析仪器（如滴定管、容量瓶、移液管）使用时未经校正，其标示值与真实值不相符；试剂不纯，试剂或蒸馏水中含有微量被测组分等。

（3）操作误差。

由于分析人员的操作不够正确所引起的误差。例如，试样处理不充分；对沉淀的洗涤次数过多或不够等。

（4）主观误差。

在正常操作情况下，由于分析人员主观原因所引起的误差。例如，在滴定分析中，由于操作者对颜色的变化不够敏感，使得对滴定终点颜色的判断总是偏深或偏浅。

系统误差可采用改进测定方法、校正仪器、对照试验和空白试验等措施予以减免。

（1）选择合适的分析方法。应选择与物质组成测定相适应的方法和最佳的反应条件。例如，滴定分析法的准确度高，适于高含量组分的测定，对微量组分的测定则不适宜。

（2）仪器校正。分析天平（含砝码）、滴定管、移液管、容量瓶，虽在出厂时进行过校验；但在实际工作中，也要定期进行校正，并在计算时采用校正值。

（3）对照试验。用标准试样（或纯净物）按相同的方法和条件进行分析，并与试样分析相对照，以判断分析结果是否存在系统误差。

（4）空白试验。在不加试样的情况下，按试样分析的操作条件和步骤进行分析试验，所得结果称为空白值，然后从试样的分析结果中扣除空白值，即可得到比较可靠的分析结果。由试剂、器皿带进杂质所引起的系统误差，一般可以作空白试验来消除。

2. 偶然误差

偶然误差是由分析过程中某些难以控制的偶然因素所引起的误差。例如，测定时，实验环境的温度、湿度、气压等外界条件的突然改变，仪器性能的微小变化等。偶然误差是可变的，对测定结果的影响有时大、有时小，有时正、有时负，是非"单向性"的。重复测定时，偶然误差的出现是不规则的，其大小和正负也不固定。

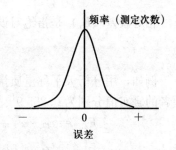

偶然误差虽然难以控制，似乎没有什么规律，但对同一试样进行多次重复测定，将所得结果进行数据统计会发现随机误差的出现符合正态分布规律（图5-1），即绝对值大小相等的正、负误差出现的概率相等；小误差出现的概率大，大误差出现的概率小，个别特别大的误差出现的概率非常小。

图5-1　偶然误差的正态分布曲线

在消除系统误差的前提下，多次测定结果的算术平均值接近真实值，因此，在一般化学分析中，对同一试样通常要求平行测定3～5次，以获得较准确的分析结果。

此外，由于操作人员不细心，加错试剂、读错刻度、看错砝码、记错数据、试液溅失和计算错误等造成的错误结果属于过失，这种过失是可以避免的。

学中做	分析测定中出现的下列情况，属于系统误差的是（　　　　）。 A. 滴定时有液滴溅出　　　　　　B. 滴定管未经校正 C. 所用纯水中含有干扰离子　　　D. 砝码读错

学中做	下列方法中，哪种方法可用来减少分析测定中的偶然误差（　　　　）。 A. 仪器校正　　　　　　　　　　B. 空白试验 C. 对照试验　　　　　　　　　　D. 增加平行试验的次数

二、分析结果的准确度和精密度

在实际工作中，对定量分析的结果主要从准确度和精密度两个方面来考量。

1. 准确度和误差

准确度是指测量值（x）与真实值（x_T）的接近程度，用误差 E 表示。误差越小，表示测定结果与真实值越接近，分析结果的准确度就越高。误差可分为绝对误差和相对误差，绝对误差（E_a）是指测定结果与真实值之差，即

$$E_a = x - x_T$$

相对误差（E_r）是指绝对误差在真实值中所占的百分率，即

$$E_r = \frac{E_a}{x_T} \times 100\%$$

例如，用分析天平称量质量为（甲）0.255 8 g、（乙）2.557 8 g 的两份试样，两者的真实值分别为 0.255 9 g、2.557 9 g，则两份试样称量的绝对误差为：

$$E_{a,甲} = x_甲 - x_{T,甲} = 0.255\ 8 - 0.255\ 9 = -0.000\ 1\ (g)$$

$$E_{a,乙} = x_乙 - x_{T,乙} = 2.557\ 8 - 2.557\ 9 = -0.000\ 1\ (g)$$

两份试样称量的相对误差分别为：

$$E_{r,甲} = \frac{E_{a,甲}}{x_{T,甲}} \times 100\% = \frac{-0.000\ 1}{0.255\ 9} \times 100\% = -0.039\%$$

$$E_{r,乙} = \frac{E_{a,乙}}{x_{T,乙}} \times 100\% = \frac{-0.000\ 1}{2.557\ 9} \times 100\% = -0.003\ 9\%$$

由此可见，虽然两者的绝对误差数值是相同的，但（甲）是在真实值 0.255 9 g 中产生 0.000 1 g 的误差；而（乙）是在真实值 2.557 9 g 中产生 0.000 1 g 的误差。也就是说，称量的绝对误差相等时，称量值越大，则称量的相对误差越小，准确度越高。

2. 精密度与偏差

精密度是指在相同条件下，同一试样多次测定结果之间相互接近的程度，用偏差 d 表示。偏差越小，表示多次测定结果之间越接近，分析结果的精密度就越高。偏差又分为绝对偏差和相对偏差，绝对偏差（d_i）是指个别测定结果（x_i）与多次测定结果的平均值（$\bar{x}$）之差，即

$$d_i = x_i - \bar{x}$$

相对偏差（d_r）是指绝对偏差在平均值中所占的百分率，即

$$d_r = \frac{d_i}{\bar{x}} \times 100\%$$

绝对偏差和相对偏差都是指个别测定结果与平均值之间的差值。对于多次测定结果，实际分析中，其精密度常用平均偏差（$\bar{d}$）来表示。平均偏差也分为绝对平均偏差（简称平均偏差）和相对平均偏差。

平均偏差（$\bar{d}$）是指各次测定结果绝对偏差的绝对值的平均值，即

$$\bar{d} = \frac{|d_1| + |d_2| + \cdots + |d_n|}{n}$$

相对平均偏差（$\bar{d}_r$）是指平均偏差在平均值中所占的百分率，即

$$\bar{d}_r = \frac{\bar{d}}{\bar{x}} \times 100\%$$

平均偏差和相对平均偏差可以用来衡量一组数据的精密度，平均偏差或相对平均偏差越小，分析结果的精密度就越高。

【例题 1】某分析工作测得试样中某组分的含量分别为 37.40%、37.20%、37.30%、37.50%、37.30%，试计算其平均值、平均偏差和相对平均偏差。

解：

计算结果列表如下：

测定序号	测得结果/%	平均值$\bar{x}$/%	各次测定值的偏差
1	37.40		37.40−37.34＝0.06
2	37.20		37.20−37.34＝−0.14
3	37.30	37.34	37.30−37.34＝−0.04
4	37.50		37.50−37.34＝0.16
5	37.30		37.30−37.34＝−0.04

分析结果的平均值：

$$\bar{x}=\frac{37.40+37.20+37.30+37.50+37.30}{5}=37.34(\%)$$

平均偏差为：

$$\bar{d}=\frac{|d_1|+|d_2|+\cdots+|d_n|}{n}$$

$$=\frac{|0.06|+|-0.14|+|-0.04|+|0.16|+|-0.04|}{5}$$

$$=0.088\ (\%)$$

相对平均偏差为：

$$\bar{d}_r=\frac{\bar{d}}{\bar{x}}\times100\%=\frac{0.088\%}{37.34\%}\times100\%=0.24\%$$

答：该分析工作测定结果平均值为 37.34%、平均偏差为 0.088%、相对平均偏差为 0.24%。

	用滴定分析法测得 $FeSO_4 \cdot 7H_2O$ 中铁的含量为 20.02%、20.01%、20.03%、20.05%，试计算测定结果的平均值、平均偏差和相对平均偏差。
学中做	

3. 准确度和精密度的关系

准确度表示测量结果的准确性，精密度表示测量结果的重现性。在评价分析结果时，只有精密度和准确度都好的方法才可取。例如，甲、乙、丙、丁 4 位分析工作者对同一样品进行分析，测定结果如图 5-2 所示。

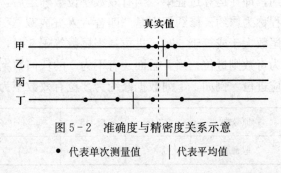

图 5-2 准确度与精密度关系示意

● 代表单次测量值 ｜ 代表平均值

从图 5-2 可以看出，甲测定结果的精密度和准确度都高，结果可靠；乙测定结果的精密度非常差，尽管正、负误差恰好抵消而使测定结果的平均值接近真实值，但此结果只是偶然的巧合，并不能说明其测定结果的准确度高；丙测定结果的精密度较高，但准确度差，说明测定过程中存在系统误差；丁测定结果的准确度和精密度均不高。

由此可见，准确度和精密度之间存在一定的关系，精密度好是保证准确度高的先决条件，准确度高，一定需要精密度好；但精密度好，准确度不一定高。

三、有效数字及其数据处理

有效数字是指在定量分析中，能测量到的有实际意义的数字，包括所有能准确测量到的数字和最后一位可疑的数字。有效数字不仅反映测定数据"量"的大小，而且还反映所用测量仪器的精密程度，以及测定数据的可靠程度。

先看看下面各数的有效数字位数：

1.120 8	12.386	5 位
0.302 6	10.98％	4 位
0.038 2	4.26×10^{-6}	3 位
0.002 3	54	2 位
0.01	0.007％	1 位
3 200	6	位数较含糊

有效数字位数的确定，一般有如下规则：

① 数据中的"0"有两种作用，数据中第一个非零数字前面的"0"不是有效数字，只起定位作用，如 0.038 2 和 0.01 的有效数字位数分别是 3 位和 1 位；数字中间或后面的"0"都是有效数字，如 1.120 8 和 0.302 6 的有效数字位数分别是 5 位和 4 位。

② 分析结果的计算中，常数、系数等的有效位数，可视为有效数字位数模糊，具体为多少，视情况而定。

③ pH、pK_a 等有效数字的位数取决于小数部分数字的位数，如 pH＝11.02，其有效数字是 2 位，而不是 4 位。

在实际工作中，处理分析数据时，通常要对一定位数的有效数字进行合理的修约，即在运算过程中，当有效数字位数确定后，多余位数就应舍弃，这个舍弃的过程称为修约。修约规则是"四舍六入五成双"，当尾数小于或等于 4 时，舍去；当尾数大于或等于 6 时，进位；当尾数等于 5 时，若 5 前面为偶数则舍弃，若 5 前面为奇数则进位；当 5 后面还有不为 0 的任何数字时，无论 5 前面是奇数还是偶数都应进位。例如，下列数据修约为 3 位有效数字为：

原数据	6.346	6.343	6.3351	6.345	6.355	6.3651
取舍后	6.35	6.34	6.34	6.34	6.36	6.37

必须注意的是，若被舍弃的数字为两位以上数字时，应一次修约，而不能连续多次修约。例如，将 5.254 759 修约为 3 位有效数字时，应为 5.25，而不是 5.26（5.254 759→5.254 76→5.254 8→5.255→5.26）。

在对分析结果进行处理时，若几个数据相加或相减时，以小数点位数最少的数字为标准，对参与运算的其他数据一次修约后，再进行加减运算。若几个数据相乘或相除时，以相对误差最大的数据即有效数字位数最少的数为标准，其余各数都进行一次修约后再进行乘除运算。

【例题 2】 $0.254+22.2+2.234\,5=$

解： 上述数据中，小数点后位数最少的数是 22.2，因此，以此为标准，对其他两个数字进行修约，即 $0.254→0.3$，$2.234\,5→2.2$，所以

$$0.254+22.2+2.234\,5=0.3+22.2+2.2=24.7$$

【例题 3】 $0.254×22.22÷2.234\,5=$

解： 三个数据中，有效数字位数最少的数是 0.254，三位有效数字，因此，以些数字为标准，将其他各数进行修约，即 $22.22→22.2$，$2.234\,5→2.23$，所以

$$0.254×22.22÷2.234\,5=0.254×22.2÷2.23=2.53$$

学中做	计算下列各式： (1) $15.1+3.43+1.056$ (2) $0.554\,2×16.10-0.347\,6×5.22$

实践活动

用电光分析天平称量 0.2 g 氯化钠试样 2～3 份，称准至 0.000 1 g。

【实验说明】

定量分析中，分析天平是用来准确称取物质质量的一种重要的精密仪器。称量的准确与否会直接影响分析结果的准确程度。在分析检验工作中，对于多份平行试样的称量，常用差减称量法进行物质的称量。

分析检验中，取用量"约"若干系指取用量不得超过规定量的 $\pm 10\%$；规定"精密称定"时，系指称量应准确至所取重量的千分之一。

【仪器与试剂】

(1) 仪器：电光分析天平，称量瓶，烧杯。

（2）试剂：氯化钠（NaCl）。

【实验操作】

将一预先装有适量 NaCl 试样的洁净干燥的称量瓶置于托盘天平上粗称后，用电光分析天平准确称量其总重量，记录称量值为 m_1；按图 5-3 所示操作，向烧杯中小心倾入 NaCl 试样约 0.2 g，再准确称其重量，记录称量值为 m_2，（$m_1 - m_2$）的值即为第 1 次倾出试样的质量。同法倾出第 2 份、第 3 份 NaCl 试样，并分别记录称量值为 m_3、m_4，依次计算出第 2、3 份倾出试样的质量。

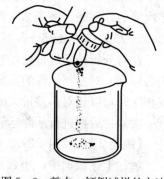

图 5-3　敲击、倾倒试样的方法

【数据记录与处理】

	第 1 份		第 2 份		第 3 份	
称量瓶＋试样的重量/g	m_1		m_2		m_3	
	m_2		m_3		m_4	
试样重量/g						

附：电光分析天平的使用方法

电光分析天平通常分为半机械和全机械两种。下面以 TG—328B 型半机械加码电光分析天平（图 5-4）为例，对天平结构和使用方法进行简单介绍。

（1）天平箱。

天平箱用来保护天平，减少周围温度、灰尘、湿气以及有毒气体等对称量的影响。天平箱共有三个门，左侧门用于取放物体，右侧门用于加减砝码，前门只在安装、维修和清洁时才开启。称量时，天平门关闭，以防空气对流而影响称量物质的准确度。

天平箱的下方设有投影屏调节杆，其作用是调节天平的零点。天平箱有三只脚，前面两只脚上带有调节螺丝，用于调节天平底板的水平。

（2）天平柱。

天平柱垂直固定在天平底板的中央，是一中空的金属圆柱体，内装制动系统。天平柱的顶端中间嵌有玛瑙平板，作为承放中刀的刀承。柱的顶端有气泡水平仪，用于观察天平是否处于水

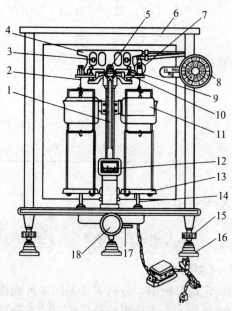

图 5-4　TG—328B 型半机械加码电光分析天平

1. 指针　2. 吊耳　3. 平衡螺丝　4. 横梁

5. 支点刀　6. 天平外框　7. 圈形砝码

8. 指数盘　9. 承重刀　10. 托翼

11. 阻尼内筒　12. 投影屏　13. 天平盘

14. 盘托　15. 螺旋脚　16. 脚垫

17. 投影屏调节杆　18. 升降旋钮

平状态。

（3）天平梁。

天平梁又称横梁，起平衡和载重物体的作用。横梁上装有三把三棱形的玛瑙刀，中间刀口向下的称为支点刀（中刀），两端刀口向上的称为承重刀。承重刀上挂有天平盘的吊耳，起承受和传递荷载的作用。

横梁两端装有两个平衡调节螺丝，可用来调节天平空载时的零点。天平的指针装在横梁下部并与横梁平面的中垂线相重合，指针下端有微分刻度标尺，标尺上的刻度经光学读数装置放大后，投影在投影屏上。

（4）阻尼器。

阻尼器是由两个相互罩合而不相接触的同心的空心铝盒组成的，用于使天平迅速达到平衡，加快物质的称量速度。

（5）升降旋钮。

升降旋钮是天平的开关，用于升降横梁。顺时针旋动升降旋钮，天平开始摆动，处于"启动"状态；逆时针转动升降旋钮，天平盘托上升托住天平盘，天平处于"休止"状态。旋动升降旋钮时，动作要轻缓。

（6）机械加码装置。

机械加码装置位于天平箱的右上方，又称指数盘。指数盘内圈读数为 $10\sim 90\,mg$，外圈读数为 $100\sim 900\,mg$。旋动指数盘，可自动加减环形砝码，加减的砝码值可从指数盘上直接读出。

（7）光学读数系统。

光学读数系统是对微分标尺进行光学放大的装置，微分标尺上有 10 大格，每一大格相当于 $1\,mg$，每一小格相当于 $0.1\,mg$。也就是说，微分标尺经光学放大后，能够准确读出 $10\,mg$ 以下的重量。

（8）砝码。

每台天平都配有一盒砝码。为便于称量，砝码的大小有一定的组合规律，通常采用 5、2、2^*、1 系统的组合，即 $100\,g$、$50\,g$、$20\,g$、$20^*\,g$、$10\,g$、$5\,g$、$2\,g$、$2^*\,g$、$1\,g$，共 9 个砝码。示值相同的两个砝码，由于它们的质量有微小的差异，所以在其中一个用"$*$"号标记，以示区别。

用电光分析天平称量物质前，应先检查天平盘和天平底板是否清洁，天平的位置是否水平，各部件是否处于正常状态，砝码、圈码是否齐全；接通电源，检查光学读数系统有无故障，刻度标尺影像是否清晰等。然后，调节天平零点，天平空载时，缓慢开启天平，待指针停稳后，观察投影屏上的标线与微分标尺上的"0"刻度线是否重合。如不重合，可通过调节平衡调节螺丝和投影屏调节杆，使之重合。

称量物质时，将被称物放在左盘，根据粗称结果在右盘上选放适宜的砝码，然后按照"由大到小、中间截取"的原则，轻转指数盘（先定外圈读数，再定内圈读数），待投影屏标线处在微分标尺上 0～10 刻度线时，即可读数。

称量完毕，关闭天平，取下试样，指数盘归零，关好天平门，拔去电源，罩上天平罩。填写天平使用记录。

实践活动

> 用电子天平称量无水碳酸钠约 $0.5\,g$，称准至 $0.000\,1\,g$。

【实验说明】

电子天平具有自动调零、自动校准、自动扣除皮重等特点，操作简便，只需几秒钟就可数字显示称量结果，因此，在试样的称重时应用广泛。

【仪器与试剂】

（1）仪器：电子天平，锥形瓶。

（2）试剂：无水碳酸钠（Na_2CO_3）。

【实验操作】

第一法：将盛有无水碳酸钠试样的称量瓶置于天平盘中央，记录显示屏读数为 m_1；然后，按图 5-3 所示倾倒试样至烧杯中，再将称量瓶放回天平盘中央，记录此时显示屏读数为 m_2；两次读数之差即为倾入烧杯中试样的质量。

第二法：将盛有试样的称量瓶置于天平盘中央，轻按"除皮键"，使显示屏呈全零状态；然后，按图 5-3 所示，将试样倾倒至烧杯中，再将称量瓶放回天平盘中央，此时显示屏显示的数值即为倾入烧杯中试样的质量。

【数据记录与处理】

第一法：

称量份数	第1份		第2份		第3份	
称量瓶和无水碳酸钠试样的重量/g	m_1		m_2		m_3	
	m_2		m_3		m_4	
倾出无水碳酸钠试样的重量/g						

第二法：

称量份数	第1份	第2份	第3份
称取无水碳酸钠的质量/g			

附：电子天平的使用方法

电子天平系利用电子装置完成电磁力补偿的调节，使物体在重力场中实现力的平衡，结构简单，数字显示，自动调零，自动校准，自动扣除皮重，因此，具有使用方便和称量迅速等特点。图 5-5 为 AEG—220 型电子天平结构示意。

使用前，要检查盘内清洁和天平水平。方法是：打开天平边门，检查天平盘和天平底板是否清洁（若有灰尘，可用软毛刷轻轻扫净）；同时，观察水准仪中气泡所处位置，检查天平是否水平。若气泡不在水准仪中心圆内，可调节水平调节螺丝，直至天平水平。

用电子天平称试样时，通常有以下两种方法：

（1）直接称样法。

将称量纸或小烧杯置于天平盘的中央，轻按"除皮键"，使显示屏呈全零状态；然后，用药匙向称量纸上或小烧杯内缓缓加入试样，边添加边观察显示屏上的数值，当显示屏上的数值达到所需质量时，停止添加，此时显示的数值即为加入到称量纸上或小烧杯内试样的质量；最后，将称量纸上的试样全部转移至锥形瓶中。

（2）差减称样法。

在实际操作中，差减称样法通常有两种方法，第一法是与电光天平的差减称量法相同，第二法又简称"去皮"法，具体操作见上述实践活动。

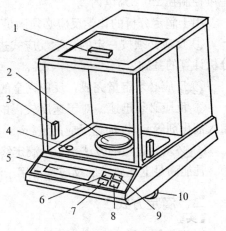

图 5-5 AEG—220 型电子天平示意
1. 顶门 2. 天平盘 3. 边门 4. 水准仪
5. 显示屏 6. 打印键 7. 模式键 8. 除皮键
9. 开关键 10. 水平调节螺丝

第二节 滴定分析概述

滴定分析是化学分析中最基本的一种分析方法，在生产实践中应用非常广泛。例如，在农业生产上，氮、磷及碳酸盐等的含量测定；在环境监测中，污水中化学耗氧量的测定；在食品分析中，咸味食品中氯化钠的含量测定；在工业用水中，水的总硬度测定等，都要用到滴定分析的方法。

一、滴定分析对化学反应的要求

滴定分析又称容量分析，是将一种已知准确浓度的试剂溶液，滴加到被测物质的溶液中，或者将被测物质的溶液滴加到已知准确浓度的试剂溶液中，直到两者按化学计量关系定量反应完全为止，然后根据试剂溶液的浓度和所消耗的体积，计算出被测物质含量的分析方法。

在滴定分析中，已知准确浓度的试剂溶液称为标准溶液（又称滴定液）；将滴定液从滴定管中滴加到被测物质的溶液中的过程称为"滴定"；当加入的滴定液与被测物质按化学计量关系定量反应完全时，反应到达了"化学计量点"；为了确定化学计量点的到达，常需要在被测物质溶液中加入一种辅助试剂，该试剂能在化学计量点附近发生颜色变化，可指示化学计量点的到达，这种辅助试剂称为"指示剂"；指示剂颜色变化的转折点称为"滴定终点"。一般来说，指示剂的变色点与化学计量点不一定恰好符合，由此引起的分析误差称为"滴定误差"。

滴定分析法主要用于常量组分（组分含量在 1% 以上）的测定，具有操作简便、测定速度快、准确度高和应用范围广等特点。一般情况下，测量结果的相对误差可控制在±0.2%以内。

用于滴定分析的化学反应必须满足下列要求：

① 反应必须按一定的化学反应式进行，且有确定的化学计量关系。这是滴定分析计算的基础。

② 反应必须定量完成，反应完全的程度达到 99.9% 以上。

③ 反应必须迅速。对于速度较慢的化学反应，可采取适当的措施（如加热或加入催化剂等），以加速反应的进行。

④ 必须有适当的方法，指示滴定终点。

凡能满足上述要求的反应均可用于滴定分析。

二、滴定方式

1. 直接滴定法

用标准溶液直接滴定被测物质溶液的方法，称为直接滴定法。例如，用 NaOH 标准溶液滴定醋酸溶液，用 HCl 标准溶液测定碳酸氢钠的含量等。直接滴定法是滴定分析中最常用、也是最基本的滴定方法。

2. 返滴定法

在被测物质的溶液或固体试样中准确加入一定量过量的标准溶液，待反应完全后，再用另一种标准溶液滴定剩余的标准溶液，这种滴定方式称为返滴定法，又称剩余滴定法。以 Cl^- 的含量测定为例，先向含待测 Cl^- 的试液中加入一定量过量的 $AgNO_3$ 标准溶液，待反应完全后，再用 NH_4SCN 标准溶液回滴剩余的 $AgNO_3$ 标准溶液，由消耗 NH_4SCN 和 $AgNO_3$ 的的物质的量之差即可求出 Cl^- 的含量。

3. 置换滴定法

先用适当试剂与被测物质反应，使其定量地置换出另一种可被滴定的物质，再用标准溶液滴定该物质，这种方法称为置换滴定法。例如，用 $K_2Cr_2O_7$ 标定 $Na_2S_2O_3$ 溶液的浓度时，先用一定量的 $K_2Cr_2O_7$ 与过量 KI 作用，析出的 I_2 再用 $Na_2S_2O_3$ 溶液滴定。

4. 间接滴定法

当被测物质不能直接与滴定液反应，却能和另一种可与滴定液反应的物质发生反应时，可通过其他的反应间接测定其含量，这种滴定方式称为间接滴定法。例如，$KMnO_4$ 溶液不能直接滴定 Ca^{2+}，可先用 $(NH_4)_2C_2O_4$ 与 Ca^{2+} 作用形成草酸钙沉淀，沉淀经过滤、洗涤后，用稀硫酸溶解，以 $KMnO_4$ 滴定液滴定溶液中的 $C_2O_4^{2-}$，进而求出 Ca^{2+} 的含量。

三、滴定分析结果的计算

设滴定液 T 与被测物质 B 发生下列定量反应：

$$tT+bB =\!=\!= cC+dD$$

当反应达到化学计量点时，$t\,mol\,T$ 物质与 $b\,mol\,B$ 物质恰好完全反应，则被测物质的物质的量 $n(B)$ 与滴定液的物质的量 $n(T)$ 之间有下列关系：

$$\frac{n(\mathrm{T})}{n(\mathrm{B})}=\frac{t}{b}$$

$$n(\mathrm{B})=\frac{b}{t}n(\mathrm{T}) \quad 或 \quad n(\mathrm{T})=\frac{t}{b}n(\mathrm{B})$$

若以浓度为 $c(\mathrm{T})\,\mathrm{mol/L}$ 的滴定液滴定体积为 $V(\mathrm{B})\,\mathrm{mL}$ 被测物质 B 的溶液，则在化学计量点时

$$c(\mathrm{T})V(\mathrm{T})=\frac{t}{b}c(\mathrm{B})V(\mathrm{B})$$

若以基准物质标定标准溶液，设所称基准物质的质量为 $m(\mathrm{B})$，其摩尔质量为 $M(\mathrm{B})$，则

$$\frac{m(\mathrm{B})}{M(\mathrm{B})}\times 1\,000=\frac{b}{t}c(\mathrm{T})V(\mathrm{T})$$

$$m(\mathrm{B})=\frac{b}{t}c(\mathrm{T})V(\mathrm{T})\times\frac{M(\mathrm{B})}{1\,000}$$

设称取试样的质量为 m，测得被测组分 B 的质量为 $m(\mathrm{B})$，则被测组分 B 的质量分数为

$$w_{\mathrm{B}}=\frac{m(\mathrm{B})}{m}=\frac{\dfrac{b}{t}c(\mathrm{T})V(\mathrm{T})M(\mathrm{B})}{m\times 1\,000}$$

【例题 4】准确移取 20.00 mL H_2SO_4 溶液，用 NaOH 标准溶液（0.100 0 mol/L）滴定，当反应到达化学计量点时，消耗 NaOH 标准溶液 20.00 mL。试计算该 H_2SO_4 溶液的物质的量浓度。

解：滴定反应为：

$$2\mathrm{NaOH}+\mathrm{H_2SO_4}=\mathrm{Na_2SO_4}+2\mathrm{H_2O}$$

$$c(\mathrm{H_2SO_4})V(\mathrm{H_2SO_4})=\frac{1}{2}c(\mathrm{NaOH})V(\mathrm{NaOH})$$

$$\begin{aligned}c(\mathrm{H_2SO_4})&=\frac{c(\mathrm{NaOH})V(\mathrm{NaOH})}{2V(\mathrm{H_2SO_4})}\\&=\frac{0.100\,0\,\mathrm{mol/L}\times 20.00\,\mathrm{mL}}{2\times 20.00\,\mathrm{mL}}\\&=0.050\,00\,\mathrm{mol/L}\end{aligned}$$

答：该 H_2SO_4 溶液的物质的量浓度为 0.050 00 mol/L。

【例题 5】准确称取基准无水碳酸钠（Na_2CO_3）0.158 0 g，溶于 25 mL 水中，以甲基橙作指示剂，当反应到达化学计量点时，滴定消耗 HCl 标准溶液 25.20 mL。试计算该 HCl 标准溶液的物质的量浓度。

解：滴定反应为

$$\mathrm{Na_2CO_3}+2\mathrm{HCl}=2\mathrm{NaCl}+\mathrm{H_2O}+\mathrm{CO_2}\uparrow$$

由反应式可知

$$n(\mathrm{Na_2CO_3}) : n(\mathrm{HCl})=1:2$$

由于

$$n(\mathrm{HCl})=c(\mathrm{HCl})V(\mathrm{HCl})$$

$$n(\mathrm{Na_2CO_3})=\frac{m(\mathrm{Na_2CO_3})}{M(\mathrm{Na_2CO_3})}$$

所以，

$$c(\mathrm{HCl}) = 2 \times \frac{m(\mathrm{Na_2CO_3})}{M(\mathrm{Na_2CO_3})V(\mathrm{HCl})}$$

$$= \frac{2 \times 0.158\,0\ \mathrm{g}}{105.99\ \mathrm{g/mol} \times 25.20 \times 10^{-3}\,\mathrm{L}}$$

$$= 0.118\,3\ \mathrm{mol/L}$$

答：该 HCl 标准溶液的物质的量浓度为 0.120 2 mol/L。

学中做	准确称取 $\mathrm{H_2C_2O_4 \cdot 2H_2O}$ 0.328 0 g，标定 NaOH 溶液的浓度，已知反应到达化学计量点时，消耗 NaOH 溶液 25.78 mL，试计算该 NaOH 溶液的物质的量浓度。 （反应式：$\mathrm{H_2C_2O_4 \cdot 2H_2O + 2NaOH = Na_2C_2O_4 + 4H_2O}$）

【例题 6】称取不纯的 NaOH 试样 26.83 g，加水溶解后，转入 100 mL 容量瓶中稀释定容，吸取 20.00 mL 该溶液，用 0.991 8 mol/L HCl 溶液滴定至终点，用去 20.30 mL，计算 NaOH 的质量分数。（已知 $M(\mathrm{NaOH}) = 40.00$ g/mol）

解：滴定反应式

$$\mathrm{NaOH + HCl = NaCl + H_2O}$$

$$n(\mathrm{NaOH}) : n(\mathrm{HCl}) = 1 : 1$$

$$n(\mathrm{NaOH}) = n(\mathrm{HCl}) = c(\mathrm{HCl})V(\mathrm{HCl})$$

$$w(\mathrm{NaOH}) = \frac{m(\mathrm{NaOH})}{m} \times 100\% = \frac{n(\mathrm{NaOH}) \cdot M(\mathrm{NaOH})}{m} \times 100\%$$

$$= \frac{0.991\,8 \times 20.30 \times 40.00 \times 10^{-3}}{26.83 \times \dfrac{20.00\ \mathrm{mL}}{100\ \mathrm{mL}}} \times 100\% = 15.01\%$$

答：NaOH 的质量分数为 15.01%。

学中做	为测定某试样中 NaCl 的含量，现准确称取试样 0.425 0 g，用 $\mathrm{AgNO_3}$ 标准溶液（0.100 4 mol/L）进行滴定，到达化学计量点时，消耗 $\mathrm{AgNO_3}$ 标准溶液 33.82 mL，试计算试样中 NaCl 的质量分数。 （反应式：$\mathrm{NaCl + AgNO_3 = AgCl \downarrow + NaNO_3}$）

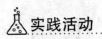

 实践活动

以甲基橙为指示剂，用 HCl 溶液滴定 NaOH 溶液。

【实验说明】

一定浓度的 HCl 溶液和 NaOH 溶液相互滴定，达到终点时，两种溶液所消耗的体积之比应是一定的。反应式为：

$$HCl + NaOH \Longrightarrow NaCl + H_2O$$

【仪器与试剂】

（1）仪器：酸式滴定管，碱式滴定管，锥形瓶。

（2）试剂：甲基橙指示液，0.1 mol/L NaOH 溶液，0.1 mol/L HCl 溶液。

【实验操作】

在碱式滴定管中装入 0.1 mol/L NaOH 溶液，调节至 0.00 mL 刻度，然后从碱式滴定管中放出 20.00 mL 溶液于 250 mL 锥形瓶中，加 2～3 滴甲基橙指示剂，用 0.1 mol/L HCl 溶液进行滴定，至溶液由黄色刚刚转为橙色为止，记下读数；按照上述操作，再从碱式滴定管中放出 2.00 mL 溶液于上述锥形瓶中，继续用该 HCl 溶液滴定至终点，记下读数；如此，从碱式滴定管中再放出 3.00 mL 溶液，按同法用 HCl 溶液滴定至终点，记下读数。

【数据记录与处理】

V(NaOH)/mL		20.00	22.00	25.00
消耗盐酸溶液的体积/mL	$V_{起始}$			
	$V_{终了}$			
	$V(HCl) = V_{终了} - V_{起始}$			
V(HCl)/V(NaOH)				
相对平均偏差/%				

附：滴定管的基本操作技术

滴定管是滴定时用于准确测量滴定溶液体积的一种量出式量器。按其容积大小，滴定管可分为常量、半微量和微量滴定管。常量滴定管有 25、50 mL 两种规格，最常用的是 50 mL，最小刻度是 0.1 mL，可估读至 0.01 mL。按控制流出液方式的不同，滴定管分酸式滴定管和碱式滴定管两种（图 5-6），其中，下端带有玻璃活塞，并以此控制溶液流出的，称为酸式滴定管；而下端装有玻璃珠的乳胶管，以乳胶管内的玻璃珠来控制溶液流出的滴定管，称为碱式滴定管。

滴定管在使用前，要检查其密合性并将内外壁洗涤干净。以酸式滴定管为例：

（1）检漏。

将滴定管活塞关闭，在管中装水至"0"刻度附近，然后将其垂直夹在滴定管架上，用滤纸将滴定管外壁、旋塞周围和尖端处擦干，静置 1～2 min，观察管尖或活塞周围有无水渗出；如果无水渗出，将活塞旋转 180° 后再观察一次。如有水渗出或活塞转动不灵活，则需涂油。

（2）涂油。

将滴定管平放在实验台面上，取出活塞，用滤纸将活塞表面和活塞套内的水和油污擦干。涂油时，左手持活塞，右手食指蘸取少许凡士林均匀地涂在活塞孔的两侧（注意涂层要薄），在活塞孔的两旁要少涂一些，以免堵塞活塞孔。将涂好凡士林的活塞插进活塞套内，向同一方向旋转活塞，直至活塞与活塞套接触处全部呈透明状，且没有纹路为止。涂油后的滴定管，还须再检漏。

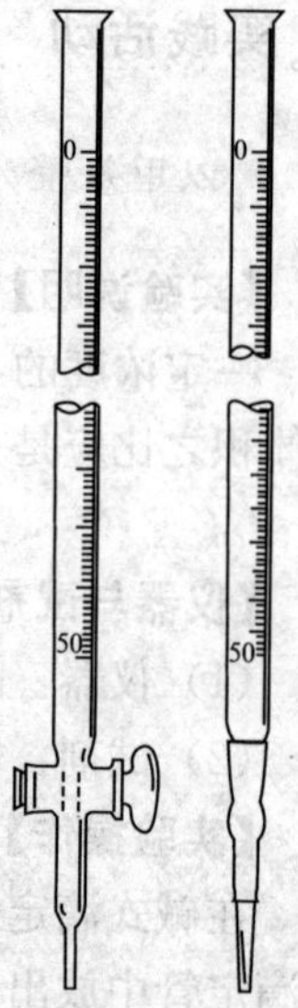

（3）洗涤。

往滴定管中加入 10～15 mL 洗液（或合成洗涤剂溶液）润洗内壁，润洗时，双手平持滴定管并慢慢转动，边转边向管口倾斜，使洗液浸湿全管内壁，然后将洗液全部放回原瓶，再用自来水冲洗，蒸馏水淋洗。

为保证装入滴定管中的标准溶液浓度不变，装液前，应先用待装的标准溶液润洗滴定管 2～3 次（每次 5～10 mL）。润洗方法与用洗液润洗相同，然后把润洗液全部放出弃去。润洗完毕，装入标准溶液至"0"刻度以上（注意：标准溶液应由试剂瓶直接倒入滴定管，不要通过烧杯、漏斗等其他容器，以免溶液浓度发生改变或被污染）。检查活塞附近及滴定管尖嘴处有无气泡，如有气泡，应及时除去。赶气泡的方法：手持滴定管，快速打开活塞，使溶液急速冲出，将气泡排出。除去气泡后，将溶液调至"0"刻度线。

图 5-6　酸碱滴定管

滴定时，先将悬在滴定管尖嘴处的残余液滴去除，记录初读数，把滴定管垂直夹在滴定管架上。左手控制滴定管旋塞，拇指在前，食指和中指在后，手指略微弯曲以控制活塞的转动（将活塞往里扣，不要向外用力，防止顶出活塞造成漏液）。适当旋转活塞的角度，即可控制滴定速度。滴定时，左手控制活塞，右手握持锥形瓶，边滴边向同一方向作圆周摇动（不能前后晃动，以免溶液溅出），如图5-7所示。

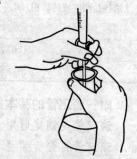

图 5-7　滴定操作

滴定时，溶液流出不可呈线状。滴定速度以每秒 3～4 滴为宜。接近终点时，应一滴或半滴地加入。加半滴的方法：先使溶液液滴悬挂在管尖嘴处，用锥形瓶内壁靠一下，使溶液沿容器壁流入瓶内，再用蒸馏水冲洗内壁。

滴定管的读数需在加入或流出溶液后等待 1～2 min。读数时，滴定管应垂直，视线应与溶液弯月面的最下缘在同一水平面上。对于无色或浅色溶液，读取与弯月面下缘最低点所对应的刻度（图 5-8a），对于深色溶液（如 $KMnO_4$ 溶液），读取弯月面两侧最高点所对应的刻度（图 5-8b）。为协助读数，可以用黑纸或黑白纸板作为读数卡，衬在滴定管背面，如图 5-8c 所示。

每次滴定都应从"0"刻度开始。滴定结束后，应将管内剩余的溶液弃去，用

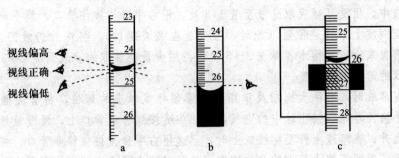

图 5-8　滴定管读数
a. 无色及浅色溶液的读数　b. 深色溶液的读数　c. 读数卡

自来水和蒸馏水淋洗后，倒置于滴定管夹上。滴定管若长期不用，应在活塞与活塞孔之间加垫纸片，并以橡皮筋拴住，以免日久打不开活塞。

实践活动

以酚酞为指示剂，用 NaOH 溶液滴定 HCl 溶液。

【实验说明】

在分析工作中，滴定管与移液管经常是配套使用的。因此，在熟练掌握碱式滴定管的使用和正确判断滴定终点的同时，要学会移液管的使用方法。

【仪器与试剂】

(1) 仪器：碱式滴定管，移液管，烧杯，锥形瓶。

(2) 试剂：0.1 mol/L HCl 溶液，酚酞指示液，0.1 mol/L NaOH 溶液。

【实验操作】

用移液管准确移取 0.1 mol/L HCl 溶液 25.00 mL 于 250 mL 锥形瓶中，加 2～3 滴酚酞指示液，用 0.1 mol/L NaOH 溶液滴定至呈溶液由无色刚刚变为微红色，30 s 内不褪即为终点，记下读数。平行滴定 3 次。

【数据记录与处理】

测　定　次　数		1	2	3
消耗 NaOH 溶液的体积/mL	$V_{起始}$			
	$V_{终了}$			
	$V(NaOH)=V_{终了}-V_{起始}$			
$V(NaOH)$ /$V(HCl)$				
相对平均偏差/%				

附：移液管和吸量管的基本操作技术

移液管和吸量管是用来准确量取一定体积溶液的量器，如图 5-9 所示。其中，移液管是中间膨大、两端细长的玻璃管，管的上端有一环形标线，有 5、10、25、50 mL 等规格。吸量管是直径均匀且带有分刻度的玻璃管，可以准确吸取不同体积的溶液，有 1、2、5、10 mL 等规格。

移液管和吸量管吸取溶液之前，必须先洗净内壁。方法是：将移液管或吸量管插入洗液中，用洗耳球吸取洗液至管 1/3 处，用右手食指按住管口，放平旋转使洗液布满至刻度上方合适位置（此时，管尖放在洗液瓶口），将洗液仍放回洗液瓶；然后，用自来水和蒸馏水各淋洗 2～3 次，再用少量待移取的溶液润洗 2～3 次，以保证移取的溶液浓度不变。

移取溶液时，右手大拇指及中指拿住管颈标线以上的部位，将管尖插入液面下；左手持洗耳球，挤出球中的空气，将球尖嘴按到移液管口上，缓慢放松，使液面慢慢上升；当溶液上升至标线以上时，迅速用右手食指按住移液管口，将移液管提离液面，用滤纸擦去管尖外壁的溶液。将移液管尖紧靠盛溶液的容器内壁上，微微松开食指，并用拇指及中指轻轻捻转管身，使液面缓慢下降直到溶液弯月面与标线相切时，按紧管口，使溶液不再流出。将移液管移至接受溶液的容器内，管身垂直，左手倾斜容器使容器内壁与管尖相靠。然后，松开食指，让溶液自由流下，如图 5-10 所示。待溶液流尽、再停 15 s 后，取出移液管。

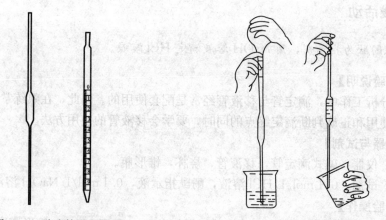

图 5-9　移液管和吸量管　　　　图 5-10　移取溶液的操作

吸量管的操作方法与移液管大致相同，只是每次移取都应调至满刻度，然后微松食指使溶液缓慢流出。

第三节　滴定分析技术

一、酸碱滴定技术

酸碱滴定法是以酸碱中和反应为基础的一种滴定分析方法，也是应用相当广泛的基本方法之一，酸、碱以及能与酸碱直接或间接反应的物质，几乎都可利用酸碱滴定法进行含量测定。酸碱滴定法具有反应简单、反应速度快，且指示剂选择比较容易等特点。该滴定技术常用来测定土壤、肥料、果品以及饲料等试样中酸度和氮、磷等的含量。

1. 酸碱指示剂

酸碱指示剂一般都是有机弱酸或有机弱碱，在溶液中部分电离，形成酸式和碱式不同结构的酸碱平衡体系，随着溶液 pH 的变化，由于指示剂的结构发生改变，溶液颜色也发生了相应的变化。

例如，酚酞（PP）指示剂在溶液中，随着溶液 pH 的变化，发生如下电离平衡，并引起颜色的变化。

无色（内酯式）　　　　无色　　　　　　　无色　　　　　　红色（醌式）
（酸式色）　　　　　　　　　　　　　　　　　　　　　　　（碱式色）

从平衡关系可以看出，在酸性溶液中，酚酞主要以各种无色（酸式色）形式存在；在碱性溶液中，酚酞转化为醌式（碱式色）结构，呈现红色。因此，酸碱指示剂的变色与溶液的 pH 有密切关系。

常见的酸碱指示剂见表 5-1 所示。

表 5-1　常用酸碱指示剂

指示剂	pH 变色范围	颜色		pK_{HIn}	浓 度	用 量（滴/10 mL 试液）
		酸色	碱色			
甲基橙	3.1～4.4	红	黄	3.4	0.1%或0.05%的水溶液	1
甲基红	4.4～6.2	红	黄	5.0	0.1%的60%乙醇溶液（或其钠盐的水溶液）	1
溴酚蓝	3.0～4.6	黄	紫	4.1	0.1%的20%乙醇溶液（或其钠盐的水溶液）	1
溴甲酚绿	4.0～5.6	黄	蓝	5.0	0.1%的20%乙醇溶液（或其钠盐的水溶液）	1～3
酚酞	8.0～10.0	无	红	9.1	0.1%的90%乙醇溶液	1～3
百里酚酞	9.4～10.6	无	蓝	10.0	0.1%的90%乙醇溶液	1～2

酸碱滴定中，有时需要将滴定终点限制在很窄的 pH 范围内，这时可采用混合指示剂。混合指示剂有两种类型：一种是由两种或两种以上的指示剂按一定比例混合而成，例如，甲酚红和百里酚蓝组成的混合指示剂；另一种是由一种指示剂与一种惰性染料按一定比例混合而成。例如，中性红与亚甲基蓝（惰性染料）混合组成的指示剂。常用的酸碱混合指示剂列于表 5-2。

表 5-2　常用酸碱混合指示剂

指示剂的组成	变色点（pH）	颜色		备 注
		酸色	碱色	
1 份 0.2%甲基红乙醇溶液，3 份 0.1%溴甲酚绿乙醇溶液	5.1	酒红	绿	

（续）

指示剂的组成	变色点 (pH)	颜色		备 注
		酸色	碱色	
1 份 0.1％中性红乙醇溶液，1 份 0.1％亚甲基蓝乙醇溶液	7.0	蓝紫	绿	pH 7.0 紫蓝色
1 份 0.1％甲基橙溶液，1 份 0.25％靛蓝二磺酸钠溶液	4.1	紫	黄绿	
3 份 0.2％甲基红乙醇溶液，2 份 0.2％亚甲基蓝乙醇溶液	5.4	红紫	绿	pH 5.2 红紫色 pH 5.6 绿色
2 份 0.1％百里酚酞乙醇溶液，1 份 0.1％茜素黄乙醇溶液	10.2	黄	紫	

2. 滴定曲线与指示剂的选择

酸碱滴定的滴定终点是借助指示剂的颜色变化来判断的，而指示剂的颜色变化与溶液的 pH 有关。因此，要选择合适的指示剂，就必须知道酸碱滴定过程中，溶液酸碱度的变化，尤其是在化学计量点附近加入一滴酸或碱所引起的 pH 变化。在分析工作中，通常，以滴定液的加入量为横坐标，溶液的 pH 为纵坐标作图得到一条曲线，该曲线称为酸碱滴定曲线。酸碱滴定曲线直观地反映了酸碱滴定过程中溶液酸碱度的变化，为滴定过程合适指示剂的选择提供了依据。

以 0.100 0 mol/L NaOH 溶液滴定 20.00 mL 0.100 0 mol/L HCl 溶液为例，讨论滴定过程中溶液 pH 的变化。

滴定反应为：

$$HCl + NaOH = NaCl + H_2O$$

滴定过程中，滴定液的加入量与溶液的 pH 的计算结果列于表 5-3 中。我们以 NaOH 滴定液的加入量为横坐标，以溶液的 pH 为纵坐标，绘制出滴定曲线，如图 5-11 所示。

表 5-3 用 0.100 0 mol/L NaOH 溶液滴定 20.00 mL 0.100 0 mol/L HCl 溶液

加入 NaOH 体积/mL	中和百分数	过量 NaOH 体积/mL	$[H^+]$/mol/L	pH
0.00	0.00		1.00×10^{-1}	1.00
18.00	90.00		5.26×10^{-3}	2.28
19.80	99.00		5.02×10^{-4}	3.30
19.96	99.80		1.00×10^{-4}	4.00
19.98	99.90		5.00×10^{-5}	**4.30**
20.00	100.0		1.00×10^{-7}	**7.00**
20.02	100.1	0.02	2.00×10^{-10}	**9.70**
20.04	100.2	0.04	1.00×10^{-10}	10.00
20.20	101.0	0.20	2.00×10^{-11}	10.70
22.00	110.0	2.00	2.10×10^{-12}	11.70
40.00	200.0	20.00	3.33×10^{-13}	12.52

突跃范围

从表5-3和图5-11中可以看出：从滴定开始到加入 19.98 mL NaOH 滴定液，溶液的 pH 由 1.00 缓慢升高到 4.30，仅升高了 3.30 个 pH 单位；而当滴定液由 19.98 mL 到 20.02 mL，虽然只滴加了 0.04 mL NaOH 滴定液，溶液的 pH 却从 4.30 跃升至 9.70，升高了 5.40 个 pH 单位，使滴定曲线在 A 点至 B 点几乎变成了一段直线。此后，随着 NaOH 滴定液的过量加入，滴定曲线又趋于变缓。在分析工作中，将化学计量点前后由 1 滴（±0.1％相对误差）滴定液而引

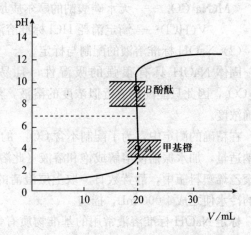

图 5-11 0.100 0 mol/L NaOH 溶液滴定 20.00 mL 0.100 0 mol/L HCl 溶液的滴定曲线

起溶液 pH 急剧变化的范围，称为滴定突跃范围。

指示剂的选择，主要是以滴定突跃范围为依据。凡是变色范围部分或全部落在滴定突跃范围内的指示剂，都可以用于指示滴定终点。例如，在上述滴定中，甲基橙、甲基红、酚酞均可作为指示剂。

3. 酸碱标准溶液

（1）HCl 标准溶液的配制与标定。

浓盐酸易挥发，因此配制时，应先将浓盐酸稀释为所需的近似浓度，再用基准物质进行标定。以配制 0.1 mol/L 的 HCl 滴定液 1 000 mL 为例。根据稀释定律

$$c_浓 V_浓 = c_稀 V_稀$$

由于市售浓盐酸的物质的量浓度约为 12 mol/L，所以

$$12 \times V_浓 = 0.1 \times 1\ 000$$

$$V_浓 = 8.3\ \text{mL}$$

在实际工作中，考虑到浓盐酸的挥发性，量取浓盐酸的量比理论计算量稍多一些，一般量取 9.0 mL。因此，配制 0.1 mol/L HCl 标准溶液时，通常用量筒量取 9.0 mL 浓盐酸倒入试剂瓶（或烧杯）中，然后加水稀释至 1 000 mL，摇匀，密塞，贴上标签。

标定 HCl 标准溶液常用的基准物质是无水碳酸钠或硼砂。选用无水 Na_2CO_3 作为基准物质标定 HCl 时，标定反应为：

$$2HCl + Na_2CO_3 == 2NaCl + H_2O + CO_2 \uparrow$$

所以 $$c(HCl) = \frac{2m(Na_2CO_3)}{M(Na_2CO_3)V(HCl) \times 10^{-3}}$$

式中：$c(HCl)$——HCl 标准溶液的物质的量浓度，mol/L；

$m(Na_2CO_3)$——称取无水碳酸钠的质量，g；

$M(\mathrm{Na_2CO_3})$——无水碳酸钠的摩尔质量，g/mol；

$V(\mathrm{HCl})$——滴定消耗 HCl 标准溶液的体积，mL。

（2）NaOH 标准溶液的配制与标定。

固体 NaOH 具有很强的吸湿性，且易吸收空气中的 CO_2，因而常含有 Na_2CO_3，因此只能配制成近似浓度的溶液，然后用基准物质进行标定，以确定其准确浓度。

在精确的测定中，为了配制不含 CO_3^{2-} 的标准溶液，可采用浓碱法，即取氢氧化钠适量，加水振摇使溶解成饱和溶液（此溶液中 Na_2CO_3 溶解度很小），冷却后，置聚乙烯塑料瓶中，静置数日。取上层澄清的氢氧化钠饱和溶液 5.6 mL，加新沸过的冷水使之成 1 000 mL，摇匀。

标定 NaOH 标准溶液常用的基准物质有邻苯二甲酸氢钾、草酸等。最常用的是邻苯二甲酸氢钾，其标定反应：

所以
$$c(\mathrm{NaOH}) = \frac{m(\mathrm{KHC_8H_4O_4})}{M(\mathrm{KHC_8H_4O_4})V(\mathrm{NaOH}) \times 10^{-3}}$$

式中：$c(\mathrm{NaOH})$——NaOH 标准溶液的物质的量浓度，mol/L；

$m(\mathrm{KHC_8H_4O_4})$——称取邻苯二甲酸氢钾的质量，g；

$M(\mathrm{KHC_8H_4O_4})$——邻苯二甲酸氢钾的摩尔质量，g/mol；

$V(\mathrm{NaOH})$——滴定消耗 NaOH 标准溶液的体积，mL。

实践活动

食醋中醋酸（HAc）的含量测定。

【实验说明】

醋酸是一种有机弱酸。根据其酸性，可以酚酞作指示剂，用 NaOH 标准溶液进行滴定。滴定反应为

$$\mathrm{HAc + NaOH == NaAc + H_2O}$$

根据滴定终点时消耗 NaOH 标准溶液的体积及其浓度，即可计算出食醋中醋酸的含量。

【仪器与试剂】

（1）仪器：吸量管，锥形瓶，量筒，碱式滴定管。

（2）试剂：食醋，NaOH 标准溶液（1 mol/L），酚酞指示液。

【实验操作】

精密移取食醋试样 4 mL 置于锥形瓶中，加新沸过的冷水 40 mL 稀释后，滴入 3 滴酚酞指示液，用 NaOH 标准溶液（1 mol/L）进行滴定，至溶液由无色转变为淡粉红色指示终点（图 5-12）。

图 5-12 食醋中醋酸的含量测定操作示意

【数据记录与处理】

测 定 次 数		1	2	3
移取样品的体积 V_s/mL				
滴定消耗 NaOH 标准溶液的体积/mL	$V_{起始}$			
	$V_{终了}$			
	$V=V_{终了}-V_{起始}$			
$\rho(C_2H_4O_2)/(g/mL)$				
相对平均偏差/%				

$$\rho(C_2H_4O_2)=\frac{\dfrac{c(NaOH)}{1}\times V(NaOH)\times\dfrac{60.05}{1\,000}}{V_s}$$

式中：$c(NaOH)$——NaOH 标准溶液的物质的量浓度，mol/L；

$\qquad V(NaOH)$——滴定消耗 NaOH 标准溶液的体积，mL；

$\qquad V_s$——样品的体积，mL；

$\qquad \rho(C_2H_4O_2)$——样品的质量浓度，g/mL；

$\qquad 60.05$——每 1 mL NaOH 标准溶液（1 mol/L）相当于 $C_2H_4O_2$ 的毫克数。

【注意事项】

为得到准确的分析结果，实验中的醋酸试液必须用不含 CO_2 的蒸馏水稀释，并用不含 Na_2CO_3 的 NaOH 标准溶液进行滴定。必要时，还须脱去醋酸的颜色（色素），以免影响滴定终点的判断。

二、氧化还原滴定技术

氧化还原滴定技术是以氧化还原反应为基础的一种滴定分析方法，是滴定分析中应用较广泛的分析方法之一。但是并不是所有的氧化还原反应都能用于滴定分析。只有反应完全，反应速度快，无副反应的氧化还原反应才能用于氧化还原滴定分析。

根据所用滴定液种类的不同，氧化还原滴定可分为高锰酸钾法、重铬酸钾法和碘量法等。

1. 高锰酸钾法

$KMnO_4$ 是一种强氧化剂，在不同酸度下，其氧化能力不同。在强酸性溶液中，其反应为：

$$MnO_4^- + 8H^+ + 5e^- \longrightarrow Mn^{2+} + 4H_2O$$

$KMnO_4$ 溶液本身呈紫红色，其还原产物 Mn^{2+} 呈无色，颜色变化显著。因此，利用稍过量的 $KMnO_4$ 使被测液由无色变成粉红色，即可指示滴定终点，无需外加指示剂。

> 由于 $KMnO_4$ 在强酸性溶液中的氧化能力最强，同时生成无色的 Mn^{2+}，便于滴定终点的观察，因此一般都在强酸性条件下使用。因为硝酸有氧化性，盐酸具有还原性，所以酸度调节以硫酸为宜，开始滴定时酸度一般控制在 $0.5 \sim 1 \, mol/L$。

由于市售 $KMnO_4$ 试剂中，常含有少量 $MnSO_4$、$MnCl_2$、MnO_2 和其他杂质，而蒸馏水中也常有微量的还原性物质，会缓慢地与 $KMnO_4$ 作用；酸、碱、热和光等也能促使 $KMnO_4$ 溶液分解，导致溶液浓度发生变化。因此，$KMnO_4$ 标准溶液必须用间接法配制。

以配制 $0.02 \, mol/L \, KMnO_4$ 标准溶液为例。配制方法：取高锰酸钾 $3.2 \, g$，加水 $1\,000 \, mL$，煮沸 $15 \, min$，密塞，静置 2 日以上，用垂熔玻璃滤器滤过，摇匀。

标定 $KMnO_4$ 标准溶液的基准物质有 $H_2C_2O_4 \cdot 2H_2O$、$Na_2C_2O_4$ 等，其中最常用的是 $Na_2C_2O_4$，它易提纯、稳定，不带结晶水，标定反应为：

$$2MnO_4^- + 5C_2O_4^{2-} + 16H^+ = 2Mn^{2+} + 10CO_2 \uparrow + 8H_2O$$

> 为了使标定反应定量进行，必须控制反应的条件：
>
> （1）温度。此反应在室温下较慢，需加热至 $70 \sim 80 \, ℃$ 滴定，但温度不能超过 $90 \, ℃$，否则 $H_2C_2O_4$ 会发生分解。
>
> （2）酸度。一般滴定开始的适宜酸度为 $1 \, mol/L$，并在 H_2SO_4 介质中进行。
>
> （3）滴定速率。开始滴定时，由于反应较慢，因此滴定速率应慢些。
>
> （4）催化剂。反应生成的 Mn^{2+} 对该反应具有催化作用，可加速反应的进行。即随着反应速率的加快，滴定速率也可以快些。
>
> （5）终点判断。稍过量的 $KMnO_4$ 使溶液呈淡红色，$30 \, s$ 内不褪色，指示终点。

$KMnO_4$ 标准溶液的物质的量浓度可表示为：

$$c(KMnO_4) = \frac{2m(Na_2C_2O_4)}{5M(Na_2C_2O_4)V(KMnO_4) \times 10^{-3}}$$

式中：$c(KMnO_4)$——$KMnO_4$ 标准溶液的物质的量浓度，mol/L；

$m(Na_2C_2O_4)$——称取草酸钠的质量，g；

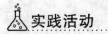

$M(Na_2C_2O_4)$——草酸钠的摩尔质量，g/mol；

$V(KMnO_4)$——滴定消耗 $KMnO_4$ 标准溶液的体积，mL。

实践活动

过氧化氢溶液中 H_2O_2 的含量测定。

【实验说明】

在酸性溶液中，H_2O_2 易被 $KMnO_4$ 氧化生成游离的氧和水，利用这一性质可以测定其含量。反应式为：

$$5H_2O_2 + 2MnO_4^- + 6H^+ == 2Mn^{2+} + 8H_2O + 5O_2\uparrow$$

根据滴定终点时消耗 $KMnO_4$ 标准溶液的体积及其浓度，即可计算出 H_2O_2 的含量。

【仪器与试剂】

（1）仪器：移液管，锥形瓶，棕色酸式滴定管，量筒。

（2）试剂：过氧化氢溶液，稀 H_2SO_4，$KMnO_4$ 标准溶液（0.02 mol/L）。

【实验操作】

精密移取过氧化氢溶液 1 mL，置于盛有 20 mL 水的锥形瓶中，加稀 H_2SO_4 20 mL，用 $KMnO_4$ 标准溶液（0.02 mol/L）滴定至溶液由无色转变为粉红色且 30 s 不褪色，即为终点（图 5-13）。

图 5-13 过氧化氢溶液中 H_2O_2 的含量测定操作示意

【数据记录与处理】

测 定 次 数		1	2	3
滴定消耗 $KMnO_4$ 标准溶液的体积/mL	$V_{起始}$			
	$V_{终了}$			
	$V=V_{终了}-V_{起始}$			
$\rho(H_2O_2)$ /(g/mL)				
相对平均偏差/%				

$$\rho(H_2O_2) = \frac{\dfrac{c(KMnO_4)}{0.02} \times V(KMnO_4) \times \dfrac{1.701}{1\,000}}{1.00}$$

式中：$c(KMnO_4)$——$KMnO_4$ 标准溶液的物质的量浓度，mol/L；

$V(\text{KMnO}_4)$——滴定消耗 KMnO$_4$ 标准溶液的体积，mL。

1.701——每 1 mL KMnO$_4$ 标准溶液（0.02 mol/L）相当于 H$_2$O$_2$ 的毫克数。

2. 重铬酸钾法

重铬酸钾法是在酸性条件下，以 K$_2$Cr$_2$O$_7$ 为滴定液，直接测定还原性或氧化性物质的分析方法。

$$Cr_2O_7^{2-} + 14H^+ + 6e \longrightarrow 2Cr^{3+} + 7H_2O$$

重铬酸钾法常用氧化还原指示剂二苯胺磺酸钠确定滴定终点。

虽然 K$_2$Cr$_2$O$_7$ 在酸性溶液中的氧化能力不如 KMnO$_4$ 强，应用范围不如 KMnO$_4$ 法广泛，但 K$_2$Cr$_2$O$_7$ 法与 KMnO$_4$ 法相比，具有以下特点：

① K$_2$Cr$_2$O$_7$ 易于提纯，纯品在 120 ℃ 干燥至恒重后可作为基准物质，直接配制成标准溶液；

② K$_2$Cr$_2$O$_7$ 标准溶液非常稳定，可以长期保存使用；

③ 用 K$_2$Cr$_2$O$_7$ 滴定时，可在盐酸溶液中进行，不受 Cl$^-$ 的影响。

应用 K$_2$Cr$_2$O$_7$ 标准溶液进行滴定时，常用二苯胺磺酸钠等氧化还原指示剂指示终点。

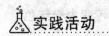
实践活动

> 硫酸亚铁的含量测定。

【实验说明】

在酸性条件下，重铬酸钾与硫酸亚铁可发生氧化还原反应，反应式为：

$$6Fe^{2+} + Cr_2O_7^{2-} + 14H^+ == 6Fe^{3+} + 2Cr^{3+} + 7H_2O$$

因此，可用 K$_2$Cr$_2$O$_7$ 进行滴定，以二苯胺磺酸钠作指示剂，根据滴定终点时消耗 K$_2$Cr$_2$O$_7$ 标准溶液的体积和浓度，即可计算出硫酸亚铁的含量。

【仪器与试剂】

（1）仪器：分析天平，酸式滴定管，称量瓶，锥形瓶，容量瓶，移液管，烧杯，量筒。

（2）试剂：硫酸亚铁，K$_2$Cr$_2$O$_7$ 标准溶液（0.020 00 mol/L），H$_2$SO$_4$ 溶液（3 mol/L），85% H$_3$PO$_4$，0.2% 二苯胺磺酸钠指示剂。

【实验操作】

准确称取硫酸亚铁试样约 2.8 g，精密称定，置于小烧杯中，加 3 mL 3 mol/L H$_2$SO$_4$ 溶液和少量蒸馏水，稍加热使样品完全溶解。待溶液冷却至室温后，定量转入 100 mL 容量瓶中，用蒸馏水定容至刻度，摇匀。准确移取 20.00 mL 该溶液于锥形瓶中，加入 3 mol/L H$_2$SO$_4$ 溶液 5 mL、85% H$_3$PO$_4$ 溶液 5 mL、0.2% 二苯胺磺酸钠指示剂 5~6 滴，用 K$_2$Cr$_2$O$_7$ 标准溶液进行滴定至溶液显稳定的紫色为止（图 5-14）。

图 5-14　硫酸亚铁的含量测定操作示意

【数据记录与处理】

测　定　次　数		1	2	3
称取样品的质量 m/g				
移取 $FeSO_4$ 溶液的体积 V/mL		20.00	20.00	20.00
滴定消耗 $K_2Cr_2O_7$ 标准溶液的体积/mL	$V_{起始}$			
	$V_{终了}$			
	$V=V_{终了}-V_{起始}$			
$w(FeSO_4 \cdot 7H_2O)$				
相对平均偏差/%				

$$w(FeSO_4 \cdot 7H_2O)=\dfrac{c(K_2Cr_2O_7)\times V(K_2Cr_2O_7)\times 6\times \dfrac{M(FeSO_4 \cdot 7H_2O)}{1\,000}}{m\times \dfrac{20.00}{100}}$$

式中：$c(K_2Cr_2O_7)$——$K_2Cr_2O_7$ 标准溶液的物质的量浓度，mol/L；

　　　　$V(K_2Cr_2O_7)$——滴定消耗 $K_2Cr_2O_7$ 标准溶液的体积，mL；

$M(FeSO_4 \cdot 7H_2O)$——$FeSO_4 \cdot 7H_2O$ 的摩尔质量，g/mol；

　　　　　　m——称取样品的质量，g。

【注意事项】

（1）测定时使用不含氧的蒸馏水。由于水中含有氧，它能将 Fe^{2+} 氧化成 Fe^{3+}，使得测定结果偏低。

$$4Fe^{2+}+O_2+4H^+ =\!=\!= 4Fe^{3+}+2H_2O$$

（2）由于反应生成的黄色 Fe^{3+}，影响滴定终点的观察，因此常加入 H_3PO_4 溶液，使之与 Fe^{3+} 结合形成稳定的无色化合物，以消除 Fe^{3+} 的干扰。

3. 碘量法

碘量法是利用 I_2 的氧化性和 I^- 的还原性进行滴定的一种分析方法。其反应为：

$$I_2+2e \rightleftharpoons 2I^-$$

I_2 是中等强度的氧化剂，I^- 是一种中等强度的还原剂。碘量法分为直接碘量法和间接碘量法两种。利用 I_2 的氧化性，用碘标准溶液直接滴定还原性物质（如 S^{2-}、Sn^{2+}、$S_2O_3^{2-}$ 等）的滴定方法，称为直接滴定法；利用 I^- 的还原性，使被测氧化性物质（如 MnO_4^-、MnO_2、Cu^{2+}、H_2O_2 等）定量氧化而析出 I_2，析出的 I_2 再用 $Na_2S_2O_3$ 标准溶液进行滴定，这种滴定方法称为间接碘量法，其基本反应为：

$$2I^- -2e \longrightarrow I_2$$

$$I_2+2S_2O_3^{2-}\xrightarrow{\quad\quad}2I^-+S_4O_6^{2-}$$

碘量法一般在中性或弱酸性溶液中及低温（<25 ℃）下进行滴定，同时，为了减少 I$^-$ 与空气的接触，滴定时不应剧烈摇荡。此外，I$^-$ 和氧化剂反应析出的过程较慢，一般须在暗处放置 5～10 min，使反应完全后，再进行滴定。

碘量法的终点常用淀粉指示剂来确定，在有少量 I$^-$ 存在下，I$_2$ 与淀粉反应形成蓝色吸附配合物，该反应可逆且非常灵敏。淀粉溶液应新鲜配制，若放置时间过久，则与 I$_2$ 形成的配合物不呈蓝色而呈紫色或红色，且终点变化不敏锐。

直接碘量法根据蓝色的出现确定滴定终点，间接碘量法则根据蓝色的消失确定滴定终点。间接碘量法测定氧化性物质时，一般要在接近滴定终点前才加入淀粉指示剂，如果加入过早，则淀粉与 I$_2$ 吸附太牢，这部分 I$_2$ 就不易与 Na$_2$S$_2$O$_3$ 溶液反应，会给滴定带来误差。

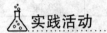 **实践活动**

维生素 C 的含量测定。

【实验说明】

维生素 C 具有强还原性，在酸性溶液中可被弱氧化剂碘氧化为去氢维生素 C，微过量的 I$_2$ 可使淀粉指示剂呈现蓝色，从而指示滴定终点。

$$\text{（维生素C结构式）}+I_2\xrightarrow{H^+}\text{（去氢维生素C结构式）}+2HI$$

根据滴定终点时消耗 I$_2$ 标准溶液的体积和浓度，即可计算出维生素 C 的含量。

【仪器与试剂】

（1）仪器：分析天平，锥形瓶，量筒，酸式滴定管。

（2）试剂：维生素 C，稀醋酸，淀粉指示液，I$_2$ 标准溶液（0.1 mol/L）。

【实验操作】

准确称取维生素 C 试样约 0.2 g，加新沸过的冷水 100 mL 与稀醋酸 10 mL 使其溶解，加淀粉指示液 1 mL，立即用 I$_2$ 标准溶液（0.1 mol/L）滴定至溶液由无色转变为蓝色，并在 30 s 内不褪，即为终点（图 5-15）。

图 5-15　维生素 C 的含量测定操作示意

【数据记录与处理】

测 定 次 数		1	2	3
称取样品的质量/g	m_1			
	m_2			
	$m=m_1-m_2$			
滴定消耗 I_2 标准溶液的体积/mL	$V_{起始}$			
	$V_{终了}$			
	$V=V_{终了}-V_{起始}$			
$w(C_6H_8O_6)$				
相对平均偏差/%				

$$w(C_6H_8O_6)=\frac{\frac{c(I_2)}{0.1}\times V(I_2)\times\frac{8.806}{1\,000}}{m}$$

式中：$c(I_2)$——碘标准溶液的物质的量浓度，mol/L；

$V(I_2)$——滴定时消耗 I_2 标准溶液的体积，mL；

m——称取样品的质量，g；

8.806——每 1 mL I_2 标准溶液（0.1 mol/L）相当于 $C_6H_8O_6$ 的毫克数。

【注意事项】

① 实验用水应是煮沸并放冷的蒸馏水，目的在于减少蒸馏水中溶解氧的影响。

② 测定应在酸性条件下进行。因为在酸性介质中，维生素 C 受空气中氧的氧化速度比在中性或碱性介质中的氧化速度要慢。

实践活动

硫酸铜的含量测定。

【实验说明】

在弱酸性溶液中，Cu^{2+} 与过量 KI 作用，生成 CuI 沉淀，析出的 I_2 可用 $Na_2S_2O_3$ 标准溶液滴定。

$$2Cu^{2+}+4I^-\mathrm{==}2CuI\downarrow+I_2$$

$$I_2+2S_2O_3^{2-}\mathrm{==}2I^-+S_4O_6^{2-}$$

根据滴定终点时消耗 $Na_2S_2O_3$ 标准溶液的体积和浓度，即可计算出硫酸铜的含量。

【仪器与试剂】

（1）仪器：分析天平，碘量瓶，量筒，酸式滴定管，托盘天平。

（2）试剂：硫酸铜，碘化钾，淀粉指示液，$Na_2S_2O_3$ 标准溶液（0.1 mol/L），醋酸。

【实验操作】

准确称取硫酸铜试样约 0.5 g，置于碘量瓶中，加 50 mL 水振摇使其溶解后，再加入4 mL醋酸、2 g 碘化钾，用 $Na_2S_2O_3$ 标准溶液（0.1 mol/L）滴定，至近终点时，加淀粉指示液2 mL，继续滴定至蓝色刚刚消失为止（图5-16）。

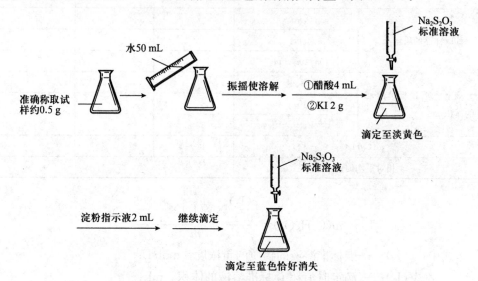

图5-16 硫酸铜的含量测定操作示意

【数据记录与处理】

测 定 次 数		1	2	3
称取样品的质量/g	m_1			
	m_2			
	$m=m_1-m_2$			
滴定消耗 $Na_2S_2O_3$ 标准溶液的体积/mL	$V_{起始}$			
	$V_{终了}$			
	$V=V_{终了}-V_{起始}$			
$w(CuSO_4 \cdot 5H_2O)$				
相对平均偏差/%				

$$w(CuSO_4 \cdot 5H_2O) = \frac{\dfrac{c(Na_2S_2O_3)}{0.1} \times V(Na_2S_2O_3) \times \dfrac{24.97}{1\,000}}{m}$$

式中：$c(Na_2S_2O_3)$——$Na_2S_2O_3$ 标准溶液的物质的量浓度，mol/L；

$\quad\quad V(Na_2S_2O_3)$——滴定消耗 $Na_2S_2O_3$ 标准溶液的体积，mL；

$\quad\quad\quad\quad m$——称取样品的质量，g；

$\quad\quad 24.97$——每 1 mL $Na_2S_2O_3$ 标准溶液（0.1 mol/L）相当于 $CuSO_4 \cdot 5H_2O$ 的毫克数。

三、配位滴定技术

配位滴定法是以配位反应为基础的一种滴定分析方法。在配位滴定中，常用的有机配位剂是乙二胺四乙酸二钠，缩写为 EDTA。

1. EDTA 的性质

EDTA 即乙二胺四乙酸，是含有羧基和氨基的配位剂，结构式为：

$$\text{HOOC—H}_2\text{C} \diagdown \qquad\qquad \diagup \text{CH}_2\text{—COOH}$$
$$\qquad\qquad \text{N—CH}_2\text{—CH}_2\text{—N}$$
$$\text{HOOC—H}_2\text{C} \diagup \qquad\qquad \diagdown \text{CH}_2\text{—COOH}$$

室温下，EDTA 在水中的溶解度很小，但它的二钠盐在水中的溶解度较大。因此，配制 EDTA 标准溶液时，多用它的二钠盐（用 $Na_2H_2Y \cdot 2H_2O$ 表示）来配制，二钠盐也简称 EDTA。

EDTA 与金属离子形成的配合物，具有如下特点：

（1）普遍性。

EDTA 有 6 个配位原子，几乎可以跟所有的金属离子形成配合物。

（2）组成一定。

除 Mo(Ⅵ)、Zr(Ⅳ) 等少数离子外，EDTA 与金属离子均以 1∶1 形式配合，即一个 EDTA 只能结合一个金属离子，这是配位滴定分析计算的依据。例如

$$\text{Ca}^{2+} + \text{EDTA} =\!=\!= \text{Ca—EDTA}$$

（3）稳定性强。

EDTA 与金属离子可形成多个五元环的配合物，因此非常稳定。

（4）水溶性好。

EDTA 与金属离子形成的配合物大多数易溶于水，使得滴定易在水溶液中进行。

此外，EDTA 与无色的金属离子形成无色的配合物，与有色金属离子形成颜色更深的配合物。例如：

AlY^-	NiY^{2-}	CuY^{2-}	CoY^{2-}	MnY^{2-}	FeY^-
无色	蓝绿色	深蓝色	紫红色	紫红色	黄色

2. 金属指示剂

在配位滴定中，通常利用一种能与金属离子生成有色配合物的显色剂来指示终点，这种显色剂称为金属指示剂。金属指示剂也是一种配位剂，它能够与金属离子形成颜色明显区别于金属指示剂本身的配合物，从而指示滴定的终点。常用的金属指示剂有：

（1）铬黑 T。

铬黑 T 简称 EBT，属于偶氮类染料，化学名称：1-（1-羟基-2-萘偶氮基)-6-硝基-2-萘酚-4-磺酸钠，结构式为：

在 pH 不同的水溶液中，铬黑 T 呈现不同的颜色。由于在 pH<6 和 pH>12 的溶液中，指示剂本身的颜色与指示剂配合物的颜色差别不大，因此铬黑 T 通常

只能在 pH 7～11 范围内使用，其中最适宜的酸度范围是 pH 9～10。滴定过程中，颜色变化由酒红色→紫色→蓝色。

铬黑 T 固体性质稳定，但其水溶液不稳定。使用时，通常将铬黑 T 与干燥的 NaCl 或 KNO$_3$ 等按 1∶100 比例混合研细成固体混合物，并密闭保存备用。

（2）钙指示剂。

钙指示剂也属于偶氮类染料，化学名称：2-羟基-1-（2-羟基-4-磺酸基-1-萘偶氮基)-3-萘甲酸，结构式为：

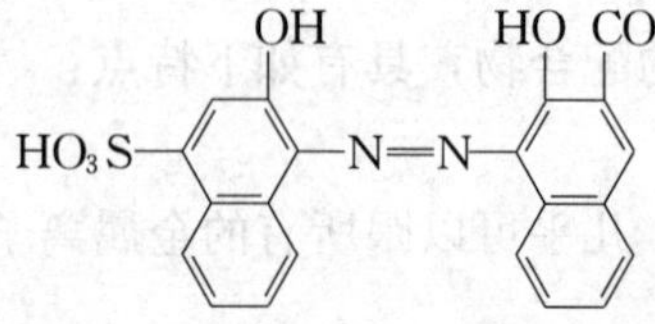

钙指示剂自身呈现纯蓝色，在 pH 12～13 的溶液中，可与 Ca^{2+} 形成酒红色配位化合物，颜色变化明显。因此，当 pH 为 12～13，用 EDTA 标准溶液滴定 Ca^{2+} 时，可以用钙指示剂指示终点。

3. EDTA 标准溶液的配制

EDTA 标准溶液一般用 Na$_2$H$_2$Y·2H$_2$O 配制，由于该物质难以制成高纯度，同时蒸馏水或容器器壁可能有金属离子污染，所以 EDTA 标准溶液常用间接法配制。以配制 0.05 mol/L EDTA 标准溶液为例，配制方法：取乙二胺四醋酸二钠 19 g，加适量的水使其溶解成 1 000 mL，摇匀，保存于乙烯塑料瓶或硬质玻璃瓶中。

通常以金属锌或 ZnO 作基准物质标定 EDTA 标准溶液，锌或 ZnO 经酸处理后形成的 Zn^{2+}，在一定条件下，与 EDTA 以 1∶1 配合。所以

$$c(\text{EDTA}) = \frac{m(\text{ZnO})}{M(\text{ZnO})V(\text{EDTA}) \times 10^{-3}}$$

式中：$c(\text{EDTA})$——EDTA 标准溶液的物质的量浓度，mol/L；

$m(\text{ZnO})$——称取氧化锌的质量，g；

$M(\text{ZnO})$——氧化锌的摩尔质量，g/mol；

$V(\text{EDTA})$——滴定消耗 EDTA 标准溶液的体积，mL。

实践活动

硫酸镁的含量测定。

【实验说明】

根据镁离子与 EDTA 发生络合反应，且络合比为 1∶1，因此，可用 EDTA 标准溶液进行滴定，根据消耗的体积和浓度，即可计算出硫酸镁的含量。反应式为：

$$Mg^{2+} + EDTA \Longrightarrow Mg-EDTA$$

【仪器与试剂】

（1）仪器：分析天平，锥形瓶，量筒，酸式滴定管，药匙。

（2）试剂：硫酸镁，氨-氯化铵缓冲溶液（pH 10.0），铬黑 T 指示剂，EDTA

标准溶液（0.05 mol/L）。

【实验操作】

准确称取硫酸镁试样约 0.25 g，加水 30 mL，振摇使其溶解后，分别加氨-氯化铵缓冲液（pH 10.0）10 mL 与铬黑 T 指示剂少许，用 EDTA 标准溶液（0.05 mol/L）滴定至溶液由紫红色转变为纯蓝色，即为终点（图 5-17）。

图 5-17 硫酸镁的含量测定操作示意

【数据记录与处理】

测 定 次 数		1	2	3
称取样品的质量/g	m_1			
	m_2			
	$m = m_1 - m_2$			
滴定消耗 EDTA 标准溶液的体积/mL	$V_{起始}$			
	$V_{终了}$			
	$V = V_{终了} - V_{起始}$			
$w(MgSO_4)$				
相对平均偏差/%				

$$w(MgSO_4) = \frac{\dfrac{c(EDTA)}{0.05} \times V(EDTA) \times \dfrac{6.018}{1\,000}}{m}$$

式中：$c(EDTA)$——EDTA 标准溶液的物质的量浓度，mol/L；

$\quad\quad V(EDTA)$——滴定消耗 EDTA 标准溶液的体积，mL；

$\quad\quad m$——称取样品的质量，g；

$\quad\quad 6.018$——每 1 mL EDTA 标准溶液（0.05 mol/L）相当于 $MgSO_4$ 的毫克数。

四、沉淀滴定技术

沉淀滴定法是以沉淀反应为基础的一种滴定分析方法。沉淀反应很多，但符合滴定分析条件的，能用于沉淀滴定分析的反应很少。目前，应用最广泛的沉淀滴定法是银量法。银量法是利用生成难溶性银盐的反应来进行滴定分析的方法，基本反应为：

$$Ag^+ + Cl^- \Longrightarrow AgCl \downarrow$$

根据指示剂和确定终点方法的不同，银量法可分为莫尔法、佛尔哈德法和法扬斯法。这三种方法的比较见表 5-4。

表 5-4　莫尔法、佛尔哈德法和法扬斯法 3 种方法的比较

测定方法	标准溶液	指示剂	滴定反应	适用范围
莫尔法	$AgNO_3$	铬酸钾（K_2CrO_4）	$Ag^+ + Cl^- \Longrightarrow AgCl \downarrow$ （白色） $2Ag^+ + CrO_4^{2-} \Longrightarrow Ag_2CrO_4$ （砖红色）	Cl^-、Br^-
佛尔哈德法	NH_4SCN	铁铵矾 $[NH_4Fe(SO_4)_2 \cdot 12H_2O]$	$Ag^+ + SCN^- \Longrightarrow AgSCN \downarrow$ （白色） $Fe^{3+} + SCN^- \Longrightarrow [FeSCN]^{2+}$ （红色）	Ag^+
法扬斯法	$AgNO_3$	荧光黄（HFIn）	$HFIn \Longrightarrow H^+ + FIn^-$ （黄绿色） $AgCl \cdot Ag^+ + FIn^- \Longrightarrow AgCl \cdot Ag^+ \cdot FIn^-$ （黄绿色）　　　（粉红色）	Cl^-

下面简要介绍法扬斯法。法扬斯法是用硝酸银作标准溶液，用吸附指示剂确定终点。吸附指示剂是一种有机染料，在水溶液中离解出指示剂阴离子，它很容易被带正电荷的胶态沉淀吸附，吸附后指示剂阴离子的结构发生改变，从而发生明显的颜色变化，指示滴定终点的到达。常见的吸附指示剂见表 5-5。

表 5-5　常见的吸附指示剂

指示剂名称	待测离子	滴定剂	适用 pH 范围
荧光黄	Cl^-	Ag^+	7～10
二氯荧光黄	Cl^-	Ag^+	4～10
曙红	Br^-、I^-、SCN^-	Ag^+	2～10
二甲基二碘荧光黄	I^-	Ag^+	中性

以荧光黄作指示剂，用 $AgNO_3$ 标准溶液滴定 Cl^- 的含量为例。荧光黄（HFIn）是一种有机弱酸，在溶液中存在以下离解平衡：

$$HFIn \Longrightarrow H^+ + FIn^-$$

在化学计量点前，加入的 Ag^+ 与溶液中的 Cl^- 结合生成 AgCl 沉淀。由于溶液中 Cl^- 过量，AgCl 沉淀吸附 Cl^- 而带负电荷，不会继续吸附 FIn^-，溶液中就存在游离的 FIn^- 而显黄绿色。当滴定进行到化学计量点后，AgCl 沉淀吸附 Ag^+ 而带正电荷，这时就会强烈地吸附 FIn^-，荧光黄阴离子被吸附后形成 $AgCl \cdot Ag^+ \cdot FIn^-$，使溶液成粉红色，指示终点到达。

法扬斯法测定时，一般选择在中性、弱碱性或弱酸性溶液中进行滴定，例如，用荧光黄作指示剂测定 Cl^- 时，需在 pH 7～10 的溶液中进行；选择指示剂时，应该使胶体沉淀对指示剂阴离子的吸附力略小于对待测阴离子的吸附力。例如，测定 Cl^- 时，只能用荧光黄作指示剂而不能用曙红；测定 Br^- 时，可以用曙红或荧光黄作指示剂。

由于卤化银胶体沉淀见光易分解成黑色的金属银，影响终点判断，所以滴定应

避免在强光下进行。

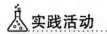 实践活动

氯化钠的含量测定。

【实验说明】

利用氯化钠与硝酸银反应生成氯化银沉淀的吸附作用，以荧光黄为指示剂，进行测定。反应式为：

$$AgNO_3 + NaCl = AgCl\downarrow + NaNO_3$$

根据滴定终点时消耗 $AgNO_3$ 标准溶液的体积和浓度，即可计算出氯化钠的含量。

【仪器与试剂】

（1）仪器：分析天平，锥形瓶，量筒，棕色酸式滴定管。

（2）试剂：氯化钠，糊精溶液（1→50），荧光黄指示液，$AgNO_3$ 标准溶液（0.1 mol/L）。

【实验操作】

准确称取氯化钠试样约 0.12 g，加水 50 mL，振摇使其溶解后，加糊精溶液（1→50）5 mL 与荧光黄指示液 5~8 滴，用 $AgNO_3$ 标准溶液（0.1 mol/L）进行滴定，至溶液由黄绿色变为淡粉红色，即为终点（图 5-18）。

图 5-18 氯化钠的含量测定操作示意

【数据记录与处理】

测　定　次　数		1	2	3
称取样品的质量/g	m_1			
	m_2			
	$m = m_1 - m_2$			
滴定消耗 $AgNO_3$ 标准溶液的体积/mL	$V_{起始}$			
	$V_{终了}$			
	$V = V_{终了} - V_{起始}$			
$w(NaCl)$				
相对平均偏差/%				

$$w(NaCl) = \frac{\dfrac{c(AgNO_3)}{0.1} \times V(AgNO_3) \times \dfrac{5.844}{1\,000}}{m_s}$$

式中：$c(AgNO_3)$——$AgNO_3$ 标准溶液的物质的量浓度，mol/L；

$V(AgNO_3)$——滴定消耗 $AgNO_3$ 标准溶液的体积，mL；

m——称取样品的质量，g；

5.844——每 1 mL $AgNO_3$ 标准溶液（0.1 mol/L）相当于 NaCl 的毫克数。

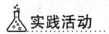 实践活动

　　氯化铵的含量测定。

【实验说明】

利用氯化铵与硝酸银反应生成氯化银沉淀的吸附作用，以荧光黄为指示剂，进行测定。反应式为：

$$AgNO_3 + NH_4Cl = AgCl\downarrow + NH_4NO_3$$

根据滴定终点时消耗 $AgNO_3$ 标准溶液的体积和浓度，即可计算出氯化铵的含量。

【仪器与试剂】

（1）仪器：分析天平，锥形瓶，量筒，棕色酸式滴定管。

（2）试剂：氯化铵，糊精溶液（1→50），荧光黄指示液，碳酸钙，$AgNO_3$ 标准溶液（0.1 mol/L）。

【实验操作】

准确称取氯化铵试样约 0.12 g，加水 50 mL，振摇使其溶解后，加入糊精溶液（1→50）5 mL、荧光黄指示液 8 滴、碳酸钙 0.10 g，摇匀，再用 $AgNO_3$ 标准溶液（0.1 mol/L）滴定，至溶液由黄绿色转变为淡粉红色，即为终点（图 5-19）。

图 5-19　氯化铵的含量测定操作示意

【数据处理与记录】

测　定　次　数		1	2	3
称取样品的质量/g	m_1			
	m_2			
	$m = m_1 - m_2$			
滴定消耗 $AgNO_3$ 标准溶液的体积/mL	$V_{起始}$			
	$V_{终了}$			
	$V = V_{终了} - V_{起始}$			
$w(NH_4Cl)$				
相对平均偏差/%				

$$w(\text{NH}_4\text{Cl})=\dfrac{\dfrac{c(\text{AgNO}_3)}{0.1}\times V(\text{AgNO}_3)\times\dfrac{5.349}{1\,000}}{m}$$

式中：$c(\text{AgNO}_3)$——AgNO₃ 标准溶液的物质的量浓度，mol/L；

　　　　$V(\text{AgNO}_3)$——滴定消耗 AgNO₃ 标准溶液的体积，mL；

　　　　m——称取样品的质量，g。

　　　　5.349——每 1 mL AgNO₃ 标准溶液（0.1 mol/L）相当于 NH₄Cl 的毫克数。

第四节　吸光光度分析技术

　　吸光光度分析是基于物质对光具有选择性吸收而建立起来的分析方法，具有灵敏度高、准确度高、操作简便、测定快速、应用范围广等优点，在分析工作中应用广泛。对于生物体、药物、土壤中的有机物及微量元素均可测定，在农业上，常用来分析铵、铁和磷等。

一、光的本质与光吸收定律

1. 物质的颜色及对光的选择性吸收

　　光是一种电磁波，既有粒子性，又有波动性，且不同波长的光具有不同的能量。通常，人们把肉眼能感觉到的光称为可见光，其波长范围为 400～760 nm。可见光区的白光是由不同波长的光按一定的强度比例混合而成的，如果让一束白光通过三棱镜，由于折射作用白光就被色散为红、橙、黄、绿、青、蓝、紫等七种颜色的光，每一种颜色的光都具有一定的波长，见图 5-20。

图 5-20　几种光的波长范围

　　通常，把只有一种颜色的光称为单色光，由两种或两种以上颜色的光混合而成的光称为复合光，上述白光就是复合光。但要注意的是，不仅这七种颜色的光可以混合成白光，如果把适当颜色的两种单色光按一定的强度比例混合，也能得到白光，我们把这两种单色光称为互补色光，如绿色光和紫色光互补，黄色光与蓝色光互补等，如图 5-21 所示。

　　物质的颜色正是由于物质对不同波长的光具有选择性吸收作用而产生的。对溶液来说，当一束白光通过时，如果该溶液对各种颜色的光都不吸收，则溶液无色透明，反之，则为黑色。如果溶液只选择性地吸收了某一颜色的光，则溶液呈现出互补光的颜色。例如，KMnO₄ 溶液因吸收了白光中的绿色光呈现紫色，CuSO₄ 溶液因吸收了白光中的黄色而呈现蓝色。

2. 光吸收曲线与最大吸收波长

　　光吸收曲线又称吸收光谱曲线，它能清楚地描述溶液对不同波长光的吸收程度。通常，将不同波长的光依次通过一定浓度的有色溶液，用仪器测出溶液对每一波长处光的吸收程度（吸光度），然后以波长（λ）为横坐标，以吸光度（A）为纵坐标，绘制曲线，该曲线称为吸收光谱曲线。图 5-22 是四种不同浓度的 $KMnO_4$ 溶液的光吸收曲线。由图可以看出：

① 在可见光范围内，$KMnO_4$ 溶液对波长 525 nm 附近的黄绿色光的吸收最强，而对紫色和红色光的吸收很弱。通常，把光吸收程度最大处的波长，称为最大吸收波长，以 λ_{max} 表示。

② 不同浓度的相同物质的溶液，尽管溶液的浓度不同，吸光度也不同，但是吸收曲线的形状相同，最大吸收波长也不变。

图 5-21　光的互补色示意

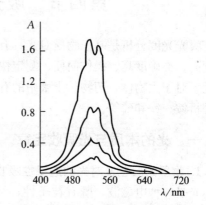

图 5-22　$KMnO_4$ 溶液的吸收光谱曲线

3. 光吸收定律——朗伯-比尔定律

当一束平行的单色光通过均匀、非散射的有色溶液时，有一部分光被溶液吸收，剩余的光则透过溶液。假设入射光的强度为 I_0，透过光的强度为 I，当入射光的强度 I_0 一定时，溶液吸收光的程度越大，则溶液透过光的强度 I 就越小。图 5-23 为光吸收示意图。

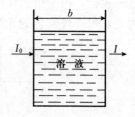

图 5-23　光吸收示意

实验证明，如果保持入射光的强度不变，溶液对光的吸收程度与溶液的浓度（c）和液层的厚度（b）有关。朗伯和比尔分别于 1760 年和 1852 年总结了光的吸收与液层的厚度及溶液浓度的定量关系，在一定温度下，当一束平行的单色光通过均匀、非散射的有色溶液时，溶液的吸光度与溶液的浓度和液层厚度的乘积成正比，这个定律称为朗伯-比尔定律，从而为吸光光度分析奠定了理论基础。

朗伯-比尔定律的数学表达式为：

$$A = \lg \frac{I_0}{I} = Kcb$$

式中：I_0——入射光强度；

　　　I——透射光强度；

　　　A——吸光度；

　　　K——吸光系数；

b——吸收池（比色皿厚度）；

c——溶液的浓度。

在吸光光度分析中，有时也用透光率（T）来表示物质对光的吸收程度。透光率（T）是透射光强度（I）与入射光强度（I_0）之比，即

$$T=\frac{I}{I_0}.$$

吸光度（A）与透光率（T）的关系为：

$$A=-\lg T$$

朗伯-比尔定律不仅适用于可见光，也适用于紫外光和红外光；不仅适用于均匀非散射的液体，也适用于固体和气体。

学中做	某有色溶液在一定波长下，测得其吸光度为 0.740。如果溶液浓度及比色皿厚度都减小一半，则其吸光度为（　　）。 A. 2.96　　　　　B. 0.740　　　　　C. 0.370　　　　　D. 0.185

二、吸光光度分析方法

1. 标准曲线法

标准曲线法又称工作曲线法，是使用最广泛的一种定量分析方法。具体方法是：先配制一系列不同浓度的标准溶液，在同一条件下，用最大吸收波长的单色光分别测出它们的吸光度。以浓度（c）为横坐标，以对应的吸光度（A）为纵坐标，绘制出 A-c 曲线，该曲线称为标准曲线，如图 5-24 所示。然后，在相同条件下，测出待测溶液的吸光度，再根据吸光度在标准曲线上查得相应的浓度或含量。

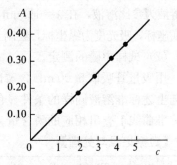

图 5-24　标准曲线（A-c 曲线）

学中做	用吸光光度法测定土壤试样中磷的含量。已知一种土壤含 P_2O_5 为 0.40%，其溶液显色后，吸光度为 0.32。现测得土壤试样溶液的吸光度为 0.28，求该土壤试样中 P_2O_5 的含量。

实践活动

试样中磷的测定。

【实验说明】

在酸性条件下，试样中的微量磷与钼酸铵反应，生成黄色的钼磷酸。反应式为：

$$PO_4^{3-} + 12MoO_4^{2-} + 27H^+ \longrightarrow H_7\left[P(Mo_2O_7)_6\right] + 10H_2O$$

加入 $SnCl_2$、抗坏血酸等还原剂后，生成的黄色钼磷酸即被还原为颜色更深的磷钼蓝，后者在 660 nm 波长处具有最大吸收，可用于磷的比色测定，该法又称为钼蓝分光光度法。

【仪器与试剂】

(1) 仪器：分光光度计，吸量管，比色管，烧杯。

(2) 试剂：磷标准溶液（磷含量 5.0 μg/mL），$SnCl_2$ -甘油溶液，钼酸铵硫酸溶液，含磷试液。

【实验操作】

(1) 工作曲线的绘制。

取 9 支 25 mL 比色管洗净并编号。用吸量管分别吸取磷含量为 5 μg/mL 的磷标准溶液 0.00、2.00、4.00、6.00、8.00、10.00 mL，依次注入编号为 1～6 的比色管中，各加 5 mL 蒸馏水，2.5 mL 钼酸铵硫酸溶液，摇匀，再分别加入 $SnCl_2$ -甘油溶液 2 滴，用蒸馏水定容至 25.00 mL，充分摇匀，静置 10 min。以 1 号管中的溶液为参比溶液，在 $\lambda=660$ nm 处测定 2～6 管中溶液的吸光度。以浓度（μg/mL）为横坐标，吸光度为纵坐标，绘制工作曲线。

(2) 试样中磷的测定。

用吸量管吸取 5.00 mL 含磷试液 3 份，分别注入编号为 7～9 的 3 支比色管中，按与上述标准溶液同样的条件显色、定容，测定其吸光度。根据溶液的吸光度值，从标准曲线上查出相应的磷含量。

【数据记录与处理】

编 号	1	2	3	4	5	6	7	8	9
磷标准溶液体积/mL	0.00	2.00	4.00	6.00	8.00	10.00	—	—	—
磷试液体积/mL	—	—	—	—	—	—	5.00	5.00	5.00
钼酸铵硫酸溶液体积/mL	2.50	2.50	2.50	2.50	2.50	2.50	2.50	2.50	2.50
$SnCl_2$ -甘油溶液/滴	2	2	2	2	2	2	2	2	2
蒸馏水定容/mL	25.00	25.00	25.00	25.00	25.00	25.00	25.00	25.00	25.00
磷含量/ (μg/mL)	0.00	0.40	0.80	1.20	1.60	2.00			
吸光度（A）									

按下式计算出试液中磷的含量（μg/mL）：

试液中的磷含量（μg/mL）＝工作曲线上查出的磷含量（μg/mL）×稀释倍数

附：分光光度计

根据测定波长范围的不同，分光光度计可分为紫外分光光度计、可见分光光度计和红外分光光度计等，由于紫外分光光度计与可见分光光度计的构造与原理基本相同，因此，常合并在一台仪器上，统称为紫外-可见分光光度计。虽然有各种型号，但就其基本结构来说，都是由光源、单色器、吸收池、检测器及信号处理系统等主要部件组成的。图 5-25、图 5-26 分别为 722 型可见分光光度计和 UV755B 型紫外-可见分光光度计的外形示意图。

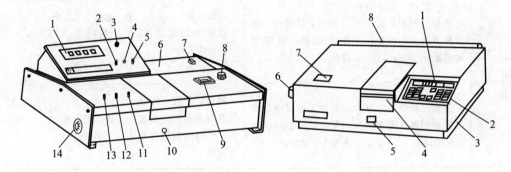

图 5-25　722 型分光光度计外形示意
　1. 数字显示器　2. 吸光度调零旋钮
3. 选择开关　4. 斜率电位器　5. 浓度旋钮
6. 光源室　7. 电源开关　8. 波长旋钮
9. 波长刻度盘　10. 试样架拉手
11. 100%T 旋钮　12. 0%T 旋钮
13. 灵敏度调节钮　14. 干燥器

图 5-26　UV755B 紫外-可见分光
光度计外形示意
1. 显示屏　2. 功能键　3. 打印机接口
4. 吸收池暗箱盖　5. 吸收池架推拉杆
6. 波长调节钮　7. 波长读数窗
8. 光源灯转换手柄

2. 对照法

对照法又称比较法。在相同条件下，分别测量待测溶液和标准溶液的吸光度。根据朗伯-比尔定律，溶液的吸光度与溶液的浓度和液层厚度的乘积成正比，则

$$A_{待测}=Kc_{待测}b$$
$$A_{标}=Kc_{标}b$$

由于标准溶液和待测溶液中的吸光物质是同一种物质，且测定时，温度一致，入射光波长一致，吸收池厚度一致，因此

$$c_{待测}=\frac{A_{待测}}{A_{标}}\times c_{标}$$

运用上述关系时，应尽量使标准溶液与样品溶液的浓度相接近，否则将给测定结果引入较大的误差。

本章小结

一、误差和分析结果处理

1. 误差的分类及其产生原因

在分析过程中，误差是客观存在的。按其性质及产生的原因，误差大致可分为系统误差和偶然误差。

误差	概 念	特 点	产生原因	减免办法
系统误差	分析过程中，由于某些固定的、经常性的因素所引起的误差	使测定结果经常偏高或偏低，表现单向性	方法误差；仪器与试剂误差；操作误差；主观误差	选择合适方法；仪器校正；空白试验；对照试验
偶然误差	分析过程中某些难以控制的偶然因素所引起的误差	对测定结果的影响时大时小，时正时负，表现为非单向性	温度、湿度、气压等外界条件的突然改变，仪器性能的微小变化等	多次测定求平均值

2. 分析结果的准确度和精密度

类别	概 念	表示	表达式	两者关系
准确度	测量值（x）与真实值（x_T）的接近程度	用误差表示	绝对误差：$E_a = x - x_T$ 相对误差：$E_r = \dfrac{E_a}{x_T} \times 100\%$	精密度好是保证准确度高的先决条件，准确度高，一定需要精密度好；但精密度好，准确度不一定高
精密度	相同条件下，同一试样多次测定结果之间相互接近的程度	用偏差表示	绝对偏差：$d_i = x_i - \bar{x}$ 相对偏差：$d_r = \dfrac{d_i}{\bar{x}} \times 100\%$ 平均偏差：$\bar{d} = \dfrac{|d_1| + |d_2| + \cdots + |d_n|}{n}$ 相对平均偏差：$\bar{d_r} = \dfrac{\bar{d}}{x} \times 100\%$	

3. 有效数字及其数据处理

有效数字是指在定量分析中，能测量到的有实际意义的数字，包括所有能准确测量到的数字和最后一位可疑的数字。

有效数字的修约规则："四舍六入五成双"。

有效数字的运算规则：若几个数据相加或相减时，以小数点位数最少的数字为标准，对参与运算的其他数据一次修约后，再进行加减运算。若几个数据相乘或相除时，以相对误差最大的数据即有效数字位数最少的数为标准，其余各数都进行一次修约后再进行乘除运算。

二、滴定分析

概　念	几个名词	滴定条件	结果处理
将一种已知准确浓度的试剂溶液，滴加到被测物质的溶液中，或者将被测物质的溶液滴加到已知准确浓度的试剂溶液中，直到两者按化学计量关系定量反应完全为止，然后根据试剂溶液的浓度和所消耗的体积，计算出被测物质含量的分析方法	标准溶液（滴定液）：已知准确浓度的试剂溶液； 滴定：滴定液从滴定管中滴到被测溶液中的过程； 化学计量点：加入的滴定液与被测物质按化学计量关系反应完全的时间点； 指示剂：在化学计量点附近发生颜色变化的试剂； 滴定终点：指示剂颜色变化的转折点； 滴定误差：指示剂变色点与化学计量点不符引起的误差	反应必须按一定的化学反应式定量进行； 反应必须定量完成； 反应必须迅速； 必须有适当的方法，指示滴定终点	$tT+bB \Longrightarrow cC+dD$ $n(B)=\dfrac{b}{t}n(T)$ $c(T)V(T)=\dfrac{t}{b}c(B)V(B)$ $m(B)=\dfrac{b}{t}c(T)V(T)\times\dfrac{M(B)}{1\,000}$ $w_B=\dfrac{m(B)}{m}=\dfrac{\dfrac{b}{t}c(T)V(T)M(B)}{m\times1\,000}$

分　类		滴定液	指示剂	应用示例
滴定分析	酸碱滴定法	HCl 滴定液	甲基橙等	碳酸氢钠的含量测定
		NaOH 滴定液	酚酞等	食醋中醋酸的含量测定
	氧化还原滴定法	$KMnO_4$ 滴定液	$KMnO_4$ 滴定液	双氧水中 H_2O_2 的含量测定
		$K_2Cr_2O_7$ 滴定液	二苯胺磺酸钠	硫酸亚铁的含量测定
		I_2 滴定液	淀粉	维生素 C 的含量测定
	配位滴定法	EDTA 滴定液	铬黑 T、钙红等	硫酸镁的含量测定
	沉淀滴定法	$AgNO_3$ 滴定液	荧光黄等	氯化钠的含量测定

三、吸光光度分析

光是一种电磁波，既有粒子性，又有波动性。物质的颜色是由于物质对不同波长的光具有选择性吸收作用而产生的。

在一定温度下，当一束平行的单色光通过均匀、非散射的有色溶液时，溶液的吸光度与溶液的浓度和液层厚度的乘积成正比，这个定律称为朗伯-比尔定律，这是吸光光度分析的理论基础。

朗伯-比尔定律的数学表达式为：

$$A = \lg \frac{I_0}{I} = Kcb$$

吸光度（A）与透光率（T）的关系为：

$$A = -\lg T$$

吸光光度分析方法有标准曲线法和对照法。如果标准溶液和待测溶液中的吸光物质是同一种物质，且温度、入射光波长、吸收池厚度都一致，则

$$c_{待测} = \frac{A_{待测}}{A_{标}} \times c_{标}$$

第六章 烃

◀ 学习目标 ▶

知识目标

1. 理解有机化合物的概念，了解常见的官能团；
2. 了解各类烃的结构与理化性质，掌握烷烃的系统命名法；
3. 了解有机化合物在生产生活中的应用。

能力目标

1. 学会用系统命名法对简单烷烃进行命名；
2. 学会对常见的有机化合物进行鉴别。

化学上，通常把化合物分为两大类，水（H_2O）、氨（NH_3）、氯化钠（$NaCl$）、碳酸钾（K_2CO_3）等化合物称为无机化合物；甲烷（CH_4）、乙烯（C_2H_4）、乙炔（C_2H_2）、淀粉、蛋白质等称为有机化合物。有机化合物简称有机物，其与人类的关系非常密切，在人们的衣食住行、医疗卫生、工农业生产、能源、材料和科学技术等领域都有着重要的作用。

作为有机化合物的母体，烃是有机物中最简单的一类物质。本章简要介绍几种常见烃的结构与主要性质，以及在生产生活中的应用。

第一节 有机化合物概述

通过对大量有机物的分析，人们发现组成有机物的主要元素是碳元素，此外，还含有氢、氧、氮、硫、磷、卤素等。1848 年，化学家葛美林把有机化合物定义为含碳化合物。但是，并不是所有的含碳化合物都是有机物。例如，CO、CO_2、Na_2CO_3、$CaCO_3$ 等虽是含碳的化合物，但由于它们在结构和性质上与无机物相似，通常仍把它们归入无机物一类。因此，有机化合物相对确切的定义是碳氢化合物及其衍生物，把研究碳氢化合物及其衍生物的组成、结构、性质及其变化规律的科学，称为有机化学。

化学简史

有机化合物之名称来源于"有生机之物"，人类对其认识经历了一个漫长的过程。19 世纪初，人们把来源于矿物界的物质称为无机物，把来源于动植物体内的物质称为有机物，并且认为有机物是有"生命"之物，只能在一种神秘的

"生命力"的作用下才能从生物体中获得，这就是所谓的"生命力"学说。这一学说认为有机物与无机物之间互不联系，因而阻碍了对有机物的发展。直到1828年，德国年轻的化学家武勒首次用人工的方法从无机物中制得有机物，它在加热氰酸铵（NH_4CNO）水溶液时得到了尿素，而尿素是哺乳动物尿中的成分，是典型的有机化合物。自此，"生命力"学说被否定，人们相继用人工方法又合成了醋酸、糖、油脂等有机物。现在，人们不但能够合成自然界里已有的，而且能够合成自然界中原来没有的有机物，如合成纤维、合成橡胶、合成树脂和许多药物、农药、染料等。因此，有机化合物的"有机"两字早已失去了它原来的含义，但由于习惯，一直沿用至今。

一、有机化合物的特点

1. 有机化合物的性质特点

有机物种类繁多，目前已知的数目已达数千万种，而无机物只有几十万种。有机物和无机物之间虽然没有绝对的界限，但在物理性质和化学性质上，有机物与无机物相比仍具有不同之处，见表6-1。

表6-1 有机物与无机物的区别

类 型	熔点	燃烧情况	溶解情况		反应情况		种 类
			水	有机溶剂	速率	副反应	
无机物	高	难	易	难	快	无	几十万种
有机物	低	易	难	易	慢	有	数千万种

表中所述是一般有机物的共性，各种有机物还有不同的个性。例如，酒精和醋酸可以与水以任意比例混溶；四氯化碳不但不能燃烧，而且还能作灭火剂等。

2. 有机化合物的结构特点

有机物中最基本的元素是碳元素。碳元素位于元素周期表中第二周期、第ⅣA族，其原子的最外电子层有4个电子，常以共价键和氢、氧、氮等其他元素的原子结合形成共价化合物。最简单的有机物甲烷分子是由1个碳原子和4个氢原子以共价键的方式结合而成，这种结合使碳原子达到最外层8个电子的稳定结构，氢原子达到2个电子的稳定结构。表示有机物结构的方法很多，以甲烷、乙烷为例：

电子式　　　　结构式　　　　结构简式　　　　分子式

　　其中，表示分子中原子的种类和数目，并以短线代表共价键将其相连的式子称为**结构式**，其简写形式称为**结构简式**。为了更清楚地表示有机化合物的反应情况，在书写有机物和有机反应式时，一般使用结构简式或结构式。

学中做	已知一有机物的结构如下，请写出该有机物的分子式。 CH_3 CH_2 CH CH C CH_2 CH CH CH_2 CH O
	分子式为：

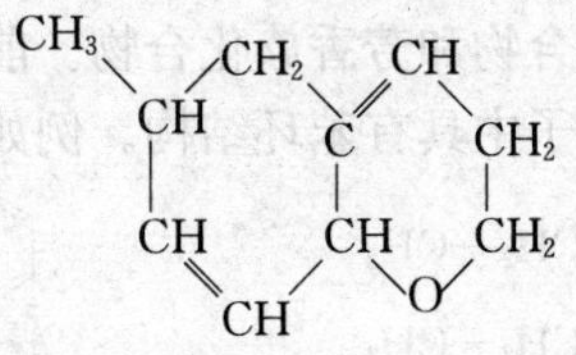

　　有机物分子中碳原子的结合方式很多，碳原子之间可以共价键相互连接成链状，也可以连成环状；还可以 1 对、2 对或 3 对电子相结合，形成碳碳单键（C—C）、双键（C=C）或叁键（C≡C）。例如：

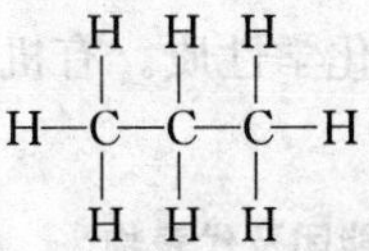

丙烷 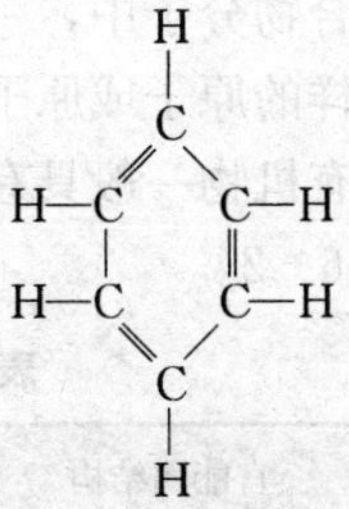　　　　　　　　　苯

　　此外，碳原子还可以与 O、N、S、P、卤素（X）等其他元素的原子相互结合，构成结构复杂的有机化合物。例如：

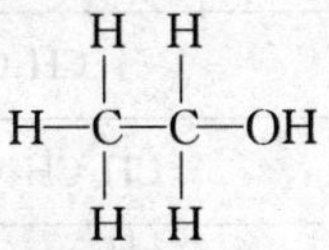

乙醇 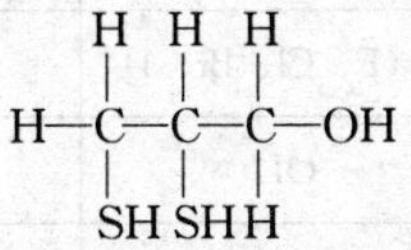　　　　　　　　　二巯基丙醇

二、有机化合物的分类

1. 按碳架结构分类

　　有机化合物数目众多，结构复杂。根据组成有机物分子碳架结构的不同，通常把有机化合物分为链状化合物、碳环化合物和杂环化合物。

　　（1）链状化合物。

　　链状化合物分子中，碳原子之间相互连接成链状，链有长有短，有的还有支链。例如：

丙烷   2-甲基丁烷   2-丁烯

（2）碳环化合物。

碳环化合物分子中，碳原子之间相互连接形成闭合的环状结构。根据环的结构特点，又分为脂环族化合物和芳香族化合物。前者是指组成环的原子全部是碳原子的化合物，后者是指分子中具有苯环结构。例如：

环丁烷   苯   萘

（3）杂环化合物。

杂环化合物分子中，组成环状结构的原子除碳原子外，还有其他原子（如 O、S、N 等）。例如：

呋喃   吡啶

2. 按官能团分类

在有机化合物分子中，一些特殊的原子或原子团决定着有机物的某些特有的性质，人们把这样的原子或原子团称为官能团。有机反应一般发生在官能团上，具有同一官能团的有机物一般具有相同或相似的化学性质。有机化合物中常见的官能团及代表物见表 6-2。

表 6-2 常见的官能团及代表物

有机物类别	官能团结构	官能团名称	举 例	
烯烃	$\diagup C=C \diagdown$	双键	$H_2C=CH_2$	乙烯
炔烃	$-C\equiv C-$	叁键	$HC\equiv CH$	乙炔
卤代烃	$-X$ (F、Cl、Br、I)	卤素	CH_3Cl	一氯甲烷
醇	$-OH$	羟基	CH_3CH_2-OH	乙醇
酚	$-OH$	羟基	—OH	苯酚
醛	$-\overset{O}{\overset{\|}{C}}-H$	醛基	$CH_3-\overset{O}{\overset{\|}{C}}-H$	乙醛
酮	$\diagup C=O$	羰基	$CH_3-\overset{O}{\overset{\|}{C}}-CH_3$	丙酮
羧酸	$-\overset{O}{\overset{\|}{C}}-OH$	羧基	$CH_3-\overset{O}{\overset{\|}{C}}-OH$	乙酸

（续）

有机物类别	官能团结构	官能团名称	举 例	
酯	$\overset{O}{\underset{\|}{-C-O-}}$	酯基	$CH_3-\overset{O}{\underset{\|}{C}}-O-CH_2CH_3$	乙酸乙酯
胺	$-NH_2$	氨基	$CH_3CH_2-NH_2$	乙胺

学中做	下列物质中，含有羟基官能团的是（　　　）。 A. CH_3OCH_3　　　　　　　　　B. CH_3CHO C. CH_3CH_2OH　　　　　　D. $CH_3-\overset{O}{\underset{\|}{C}}-OCH_3$

第二节 烷 烃

仅由碳和氢两种元素组成的有机物称为碳氢化合物，简称烃。烃是有机化合物中最基本的一类物质，是有机化合物的母体，其他有机化合物都可以看作是由烃衍生而来的。因此，有机化合物又可定义为烃及其衍生物。

根据烃分子中碳架的不同，烃可分为链烃和环烃两大类。链烃又可分为饱和链烃和不饱和链烃。烃是有机物中最简单的一类，可以看做是有机物的母体。

$$烃\begin{cases}链烃\begin{cases}饱和链烃——烷烃\\不饱和链烃\begin{cases}烯烃\\炔烃\end{cases}\end{cases}\\环烃\begin{cases}脂环烃\\芳香烃\end{cases}\end{cases}$$

一、甲烷

甲烷是饱和链烃中组成最简单的一种化合物，分子式是 CH_4。甲烷是天然气（甲烷的体积分数为 $80\%\sim98\%$）、沼气（甲烷的体积分数为 $50\%\sim70\%$）和煤矿坑道气的主要成分，无色、无味，比空气轻，极难溶于水。在隔绝空气的条件下，植物残体经过微生物发酵而产生甲烷。

化学与生活

我国天然气主要分布在中西部的四川、青海、甘肃、新疆等地，特别是塔里木盆地天然气的发现（资源量达 8×10^{12} m^3），使我国成为继俄罗斯、卡塔尔、沙特阿拉伯等国之后的又一天然气大国。

　　2002 年，我国为改善东部地区的能源结构，启动了"西气东输"工程，就是将新疆塔里木盆地的天然气通过管道向东输送到豫、皖、江、浙、沪地区。实施"西气东输"工程，有利于促进我国能源结构的调整，改善长江三角洲及管道沿线地区的居民生活质量，对推动和加快新疆及西部地区的经济发展具有重大的战略意义。

　　科学实验证明，甲烷分子里的 1 个碳原子和 4 个氢原子不在同一平面上，而是形成一个正四面体的立体结构。碳原子位于正四面体的中心，4 个氢原子分别位于正四面体的四个顶点上，如图 6-1 所示。

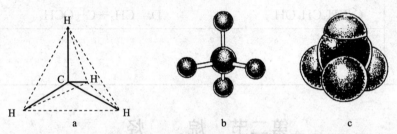

图 6-1　甲烷的分子结构与模型
a. 结构图　b. 球棍模型　c. 比例模型

　　在通常情况下，甲烷的化学性质比较稳定，一般情况下，既不与高锰酸钾等强氧化剂发生反应，也不与强酸、强碱发生反应。但是，在一定的条件下，甲烷也会发生某些化学反应。

1. 氧化反应

　　纯净的甲烷能在空气中安静地燃烧，发出淡蓝色的火焰，生成二氧化碳和水，同时放出大量的热。

$$CH_4 + 2O_2 \xrightarrow{点燃} CO_2 + 2H_2O$$

　　甲烷是一种很好的气体燃料。但要注意，如果甲烷与氧气或空气的混合气体（甲烷的体积分数为 5% ～16%），点燃或遇到高温火源，就会发生爆炸。

2. 受热分解

　　在隔绝空气加强热的条件下，甲烷分解制得炭黑和氢气。

$$CH_4 \xrightarrow{高温} C + 2H_2$$

　　工业上就是利用此反应制取炭黑。炭黑是橡胶工业的重要原料，也可用于制造油墨、墨汁、黑色颜料等；氢气可作合成氨的原料。

3. 取代反应

　　在光照或加热的条件下，甲烷和氯气混合发生反应，甲烷分子中的氢原子可逐渐被氯原子取代，氯气的黄绿色会逐渐变淡。

$$\begin{array}{ccc} & H & & & & H \\ & | & & & & | \\ H-&C&-H + Cl-Cl & \xrightarrow{光} & H-&C&-Cl + HCl \\ & | & & & & | \\ & H & & & & H \end{array}$$

一氯甲烷

但是反应并不停留在这一步，生成的一氯甲烷能继续跟氯气反应，依次生成二氯甲烷、三氯甲烷（氯仿）、四氯甲烷（四氯化碳）。

$$CH_3Cl + Cl_2 \xrightarrow{\text{光}} CH_2Cl_2 + HCl$$

$$CH_2Cl_2 + Cl_2 \xrightarrow{\text{光}} CHCl_3 + HCl$$

$$CHCl_3 + Cl_2 \xrightarrow{\text{光}} CCl_4 + HCl$$

上述反应中，甲烷分子中的 4 个氢原子被氯原子逐一取代，生成了 4 种不同的取代产物。这种有机物分子里的某些原子或原子团被其他原子或原子团所替代的反应，称为**取代反应**。被卤原子取代的反应称为**卤代反应**。

二、烷烃

1. 烷烃的结构

烃分子中，碳原子之间都是以碳碳单键（C—C）结合成链状，其余的价键都被氢原子所饱和的链烃，叫做饱和链烃，又称烷烃。例如：

结构式	$H-\overset{\overset{\displaystyle H}{\mid}}{\underset{\underset{\displaystyle H}{\mid}}{C}}-H$	$H-\overset{\overset{\displaystyle H}{\mid}}{\underset{\underset{\displaystyle H}{\mid}}{C}}-\overset{\overset{\displaystyle H}{\mid}}{\underset{\underset{\displaystyle H}{\mid}}{C}}-H$	$H-\overset{\overset{\displaystyle H}{\mid}}{\underset{\underset{\displaystyle H}{\mid}}{C}}-\overset{\overset{\displaystyle H}{\mid}}{\underset{\underset{\displaystyle H}{\mid}}{C}}-\overset{\overset{\displaystyle H}{\mid}}{\underset{\underset{\displaystyle H}{\mid}}{C}}-H$
结构简式	CH_4	CH_3CH_3	$CH_3CH_2CH_3$
分子式	CH_4	C_2H_6	C_3H_8
	甲烷	乙烷	丙烷

从上述结构式和结构简式可以看出：从甲烷开始，每增加 1 个碳原子就增加了 2 个氢原子。也就是说，在烷烃的分子组成中，碳原子和氢原子在数目上有一定的关系，如果把一个有机物分子中碳原子数为 n，氢原子数必然是 $2n+2$，因此，烷烃的通式可用 C_nH_{2n+2} 表示。

（1）烃基。

烃分子中失去 1 个或几个氢原子后所剩余的部分，称为烃基，用"—R"表示。如果烷烃分子中失去 1 个氢原子后剩余的原子团，称为烷基，用"—C_nH_{2n+1}"表示。烷基的名称由相应的烷烃命名。例如，甲烷分子失去 1 个氢原子后剩余的原子团"—CH_3"称为甲基，乙烷分子失去 1 个氢原子后剩余的"—CH_2CH_3"称为乙基。

（2）同系物。

比较甲烷、乙烷和丙烷的分子结构可以发现，在相邻的两个烷烃分子之间，总是相差一个"—CH_2—"原子团。像这些结构相似，分子组成上相差 1 个或若干个 CH_2 原子团的化合物，互称**同系物**。同系物由于结构相似，所以它们具有相似的化学性质；但它们的物理性质，常随着分子质量的增大而呈现有规律性的变化。一些烷烃的物理常数见表 6-3。

表 6 - 3　一些烷烃的物理常数

名　称	结构简式	常温时的状态	熔点/℃	沸点/℃	液态时的密度/(g/cm³)
甲　烷	CH_4	气	−182.5	−164	0.466*
乙　烷	CH_3CH_3	气	−183.3	−88.63	0.572**
丙　烷	$CH_3CH_2CH_3$	气	−189.7	−42.07	0.500 5
丁　烷	$CH_3(CH_2)_2CH_3$	气	−138.4	−0.5	0.578 8
戊　烷	$CH_3(CH_2)_3CH_3$	液	−129.7	36.07	0.626 2
辛　烷	$CH_3(CH_2)_6CH_3$	液	−56.79	125.7	0.702 5
十七烷	$CH_3(CH_2)_{15}CH_3$	固	22	301.8	0.778 8（固）
二十四烷	$CH_3(CH_2)_{22}CH_3$	固	54	391.3	0.799 1（固）

　　＊是−164 ℃时的测定值；＊＊是−108 ℃时的测定值，其余是20 ℃时的测定值。

 化学与生活

　　烷烃在动植物体内普遍存在，许多植物的茎、叶和果实表皮的蜡质中还含有高级烷烃。例如，菠菜叶中含有三十三烷、三十五烷和三十七烷，烟草叶的蜡层里含有二十七烷和三十一烷，苹果皮的蜡层里含有二十七烷和二十九烷等，它们具有防止外部水分内浸和减少内部水分蒸发的作用，可防止病虫的侵害。

　　某些昆虫分泌的"外激素"中也含有一些高级烷烃。例如，某种蚁的信息素中含有正十一烷和正十三烷，雌虎蛾引诱雄虎蛾的性激素是2-甲基十七烷，利用它把雄虎蛾引至捕集器中。

　　（3）同分异构体。

　　在研究物质的分子组成和性质时，人们发现有很多物质分子组成相同，但性质却有明显差异。例如，分子式为C_4H_{10}的两个有机物，它们的熔点、沸点和密度都不同。

$$CH_3{-}CH_2{-}CH_2{-}CH_3 \qquad\qquad CH_3{-}\overset{\displaystyle CH_3}{\underset{|}{CH}}{-}CH_3$$

熔点/℃	−138.4	−159.6
沸点/℃	−0.5	−11.7
液态时密度/（g/cm³）	0.578 8	0.557

　　像这种具有相同的分子式，但具有不同结构的现象，称为**同分异构现象**。具有同分异构现象的化合物互称为**同分异构体**。在烷烃分子中，随着碳原子数的增多，同分异构体的数目也越多。例如，己烷（C_6H_{14}）有5种，庚烷（C_7H_{16}）有9种，辛烷（C_8H_{18}）有18种，癸烷（$C_{10}H_{22}$）有75种。

2. 烷烃的命名

　　有机物种类繁多，分子组成和结构又较复杂，为使每一种有机物都对应一个名称，国际纯粹和应用化学协会（IUPAC）制定了系统的命名方法。命名原则和步骤如下：

（1）确定主链。

在分子中，选择含碳原子数最多的一条碳链作为主链，根据主链所含碳原子数称为"某烷"。主链以外的支链称为取代基。如果分子中有两个含同数碳原子的碳链时，则选择含取代基较多的为主链。

（2）编号。

从离取代基最近的一端开始，依次用阿拉伯数字1、2、3……给主链上的每个碳原子编号。取代基的位号以它所连接的主链上碳原子的编号数来表示。如果主链的编号有两种可能时，则选取使取代基的位号之和最小的编号方法。

（3）命名。

将取代基的位号和名称，依次写在主链名称的前面，位号与名称之间用半字线"-"连接，例如，2-甲基丁烷。如果分子中有几个相同的取代基，则合并起来用二、三等数字表示其数目，相同取代基的位号之间用"，"隔开，例如，2，2-二甲基戊烷；如果分子中取代基不同，则将简单的取代基写在前面，复杂的取代基写在后面，例如，2-甲基-4-乙基己烷。

$$\overset{1}{CH_3}-\overset{2}{CH}-\overset{3}{CH_2}-\overset{4}{CH_3}$$
$$|$$
$$CH_3$$

2-甲基 丁烷

主链名称
取代基名称
取代基位置

$$\overset{}{}\overset{CH_3}{|}$$
$$\overset{1}{CH_3}-\overset{2}{C}-\overset{3}{CH_2}-\overset{4}{CH_2}-\overset{5}{CH_3}$$
$$|$$
$$CH_3$$

2，2-二甲基戊烷

$$\overset{CH_3}{|}\qquad\overset{CH_2-CH_3}{|}$$
$$\overset{1}{CH_3}-\overset{2}{CH}-\overset{3}{CH_2}-\overset{4}{CH}-\overset{5}{CH_2}-\overset{6}{CH_3}$$

2-甲基-4-乙基己烷

知识拓展

随着我国经济的迅猛发展，世界经济一体化进程的加快，煤炭、石油、天然气等石化能源已不能满足全球工农业生产的需要。而人口的高速增长，对能源的需求也在不断增加，对环境也造成了严重污染。面对严峻的资源和环境问题，节约资源、保护环境、开发新能源已成为经济社会节能减排的重大举措。

沼气就是洁净能源之一，是解决农村能源不足的一种重要途径。沼气是把农作物的秸秆、杂草、树叶和人畜粪便等废弃物质放在密闭的沼气池中，在一定的温度、湿度和酸度条件下经微生物作用进行发酵，从而产生的可燃性气体。沼气是多种气体的混合物，其中含甲烷 50%～70%，其特性与天然气相似。随着技术的不断完善，沼气已不再仅仅用于照明和做饭，用沼液喂猪、沼渣还田、沼液叶面喷施防虫等方法，促使沼气得到循环利用，显著提升了综合效益。

知识拓展

瓦斯是古代植物在堆积成煤的初期，其中的有机质经厌氧菌的作用分解而成的无色、无味、无臭的气体。瓦斯的主要成分是甲烷，另外，还有少量的乙烷、丙烷和丁烷等，一般还含有硫化氢、二氧化碳、氮以及微量的惰性气体等。瓦斯难溶于水，不助燃也不能维持呼吸，达到一定浓度时，能使人因缺氧而窒息；如遇明火即可燃烧，产生二氧化碳和水蒸气，并放出大量的热量，使气体体积迅速膨胀，并发生爆炸，即所谓的瓦斯爆炸。

那么，怎样预防井下瓦斯爆炸呢？

（1）采用矿井瓦斯抽放、加强通风等方法，防止瓦斯浓度超过规定；

（2）控制火源，例如，严禁井下吸烟，严禁携带火柴、打火机等入井。

（3）配备矿井瓦斯在线监测系统，自动连续检查工作地点的 CH_4 浓度和通风状况等。

第三节　烯　烃

分子结构中含有碳碳双键（C=C）的不饱和链烃称为烯烃，C=C 键是烯烃的官能团。在烯烃分子中，由于含有一个碳碳双键，它较相应的烷烃少 2 个氢原子，所以烯烃的通式是 $C_nH_{2n}(n \geq 2)$。

乙烯是分子组成最简单的烯烃，也是烯烃最典型的代表。乙烯的分子式为 C_2H_4，结构式为 $H-\overset{H}{\underset{}{C}}=\overset{H}{\underset{}{C}}-H$，结构简式为 $H_2C=CH_2$。实验表明，乙烯分子中的 2 个碳原子和 4 个氢原子都处于同一平面上。乙烯的分子模型见图6-2。

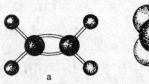

图 6-2　乙烯的分子模型
a. 球棍模型　b. 比例模型

　　乙烯是一种重要的化工原料，主要来源于石油化学工业，大量用于生产聚乙烯、聚氯乙烯、合成纤维、合成橡胶、染料、药物等多种化工产品。目前，乙烯的产量已经成为衡量一个国家石油化工发展水平的标志。

　　乙烯也是一种植物生长调节剂。植物在生命周期的许多阶段（如发芽、成长、开花、果熟和衰老等）都会产生乙烯。同时，乙烯还可作为水果的催熟剂。

乙烯是无色、稍有气味的气体，比空气略轻，难溶于水。经科学测定，乙烯分子中的碳碳双键（C＝C），其中一个键比较牢固，而另一个键较易断裂发生反应，所以，乙烯的化学性质比较活泼。

1. 加成反应

做中学	将乙烯通入溴水或溴的四氯化碳溶液中，观察溶液颜色的变化。
	可以看到：溴水或溴的四氯化碳溶液的红棕色变成＿＿＿＿＿＿＿＿。

将乙烯通入溴水或溴的四氯化碳溶液中，乙烯分子中的碳碳双键断开一个键，两个溴原子分别加在两个碳原子上，生成无色的1，2-二溴乙烷。这个反应常用来检验碳碳双键的存在。

$$H_2C\!=\!CH_2 \xrightarrow{Br_2/CCl_4} \begin{array}{cc} CH_2\!-\!CH_2 \\ | \quad\ | \\ Br \quad Br \end{array}$$

1，2-二溴乙烷

这种有机物分子里不饱和的碳原子跟其他原子或原子团直接结合，生成其他物质的反应称为**加成反应**。

除能跟溴水发生加成反应外，在一定条件下，乙烯还能和 H_2、Cl_2、HBr、H_2O 等物质发生加成反应，如：

$$H_2C\!=\!CH_2 \xrightarrow{H_2/Ni} CH_3\!-\!CH_3$$
$$H_2C\!=\!CH_2 + HBr \longrightarrow CH_3\!-\!CH_2Br$$

学中做	请用化学方法鉴别：甲烷和乙烯。

2. 氧化反应

纯净的乙烯在空气中燃烧，火焰明亮且伴有黑烟，生成二氧化碳和水，同时放出大量的热。

$$H_2C\!=\!CH_2 + 3O_2 \xrightarrow{点燃} 2CO_2 + 2H_2O$$

做中学	将乙烯通入盛有少量的试管中，观察溶液颜色的变化。
	可以看到：酸性 $KMnO_4$ 溶液的紫红色变成＿＿＿＿＿＿＿。

反应中，乙烯被酸性 $KMnO_4$ 溶液氧化，生成了无色的乙二醇。

$$H_2C\!=\!CH_2 \xrightarrow{KMnO_4/H_2O} \begin{array}{cc} CH_2\!-\!CH_2 \\ | \quad\ | \\ OH \quad OH \end{array}$$

乙二醇

在有机化学上，通常利用这一反应鉴别甲烷和乙烯。

3. 聚合反应

在一定条件下，乙烯分子中的双键断开其中一个键后，可互相连接形成一个碳链很长的大分子。

$$nH_2C{=}CH_2 \xrightarrow{\text{温度、压力}} \text{\textlbrackdbl}CH_2{-}CH_2\text{\textrbrackdbl}_n$$
$$聚乙烯$$

> 聚乙烯是乳白色、无味、无毒的蜡状固体。在不同的条件下生成的聚乙烯具有不同的性能，广泛用作塑料薄膜、容器、管道、食品包装袋、电线电缆护套和绝缘材料等。

像这种小分子的有机化合物，在一定条件下相互作用生成大分子的化合物的反应，称为**聚合反应**。

第四节 炔 烃

分子结构中含有碳碳叁键（C≡C）的不饱和链烃称为炔烃，C≡C 键是炔烃的官能团。在炔烃分子中，由于含有一个碳碳叁键，它较相应的烯烃少 2 个氢原子，所以炔烃的通式是 C_nH_{2n-2}（$n \geqslant 2$）。

乙炔是分子组成最简单的炔烃，也是炔烃最重要的代表。乙炔的分子式为 C_2H_2，结构式为 H—C≡C—H，结构简式为 HC≡CH。实验证明，乙炔分子里 2 个碳原子和 2 个氢原子都处在同一直线上，乙炔的分子模型如图 6-3 所示。

纯净的乙炔是无色、无味的气体，由电石生成的乙炔常因混有

a   b
图 6-3 乙炔的分子模型
a. 球棍模型   b. 比例模型

硫化氢（H_2S）等杂质而带有特殊的臭味。乙炔微溶于水，易溶于有机溶剂。乙炔在高温下易发生爆炸，但溶于丙酮后很稳定，所以通常将乙炔溶于丙酮中进行运输、贮存。

乙炔分子的 C≡C 键中有两个键不稳定，易断裂，其性质与烯烃相似，易发生加成、氧化和聚合反应。

1. 加成反应

做中学	将纯净的乙炔通入溴水或溴的四氯化碳溶液中，观察溶液颜色的变化。
	可以看到：溴水或溴的四氯化碳溶液的红棕色变成 _____。

可以看到，将乙炔通入溴水或溴的四氯化碳溶液中，和乙烯一样，也能使溴水褪色。

$$HC\!\equiv\!CH_2 \xrightarrow{\text{Br}_2/\text{CCl}_4} HC\!=\!CH \xrightarrow{\text{Br}_2/\text{CCl}_4} HC\!-\!CH$$

1，2-二溴乙烯　　　1，1，2，2-四溴乙烷

此外，乙炔还可以和 H_2、H_2O、HCl 发生加成反应。与 HCl 发生反应生成的氯乙烯，是生产聚氯乙烯塑料和合成纤维的原料。

2. 氧化反应

乙炔在空气中燃烧时，产生光亮并带有浓烟的火焰，这是乙炔含碳高，在空气中不完全燃烧的缘故。

$$2HC\!\equiv\!CH + 5O_2 \xrightarrow{\text{点燃}} 4CO_2 + 2H_2O$$

乙炔在氧气中燃烧产生的火焰称为氧炔焰，温度可达 3 000 ℃以上。因此，常用它来切割和焊接金属。但是，乙炔中若混有一定量的空气，遇火会发生爆炸，所以在生产和使用乙炔时必须注意安全。

与乙烯相似，乙炔也能被酸性 $KMnO_4$ 所氧化，使溶液的紫红色褪去。因此，实验室常用酸性高锰酸钾溶液来检验乙炔。

3. 聚合反应

乙炔在 600～650 ℃和催化剂存在的条件下，可以发生聚合反应生成苯。

$$3HC\!\equiv\!CH \xrightarrow{600\sim650\ ℃} \begin{array}{c}\end{array}$$

这一反应使链状化合物与环状化合物联系起来。

4. 金属炔化物的生成

乙炔分子中，与 C≡C 键直接相连的氢原子具有特殊的活泼性，可被某些金属离子取代生成金属炔化物。该反应可用来鉴别炔烃分子中 C≡C 键的碳原子上是否连有氢原子。

$$HC\!\equiv\!CH + Ag(NH_3)_2NO_3 \longrightarrow AgC\!\equiv\!CAg \downarrow$$

硝酸银氨溶液　　　乙炔银（白色）

$$HC\!\equiv\!CH + Cu(NH_3)_2Cl \longrightarrow CuC\!\equiv\!CCu \downarrow$$

氯化亚铜氨溶液　　乙炔亚铜（棕红色）

在上述反应中，生成的金属炔化物湿润时比较稳定，但在干燥状态受热或撞击容易发生爆炸生成金属单质和碳。因此，实验结束后，对生成的金属炔化物应加硝酸使其分解，以防发生危险。

第五节　芳　香　烃

芳香烃简称芳烃，最初是指由植物体中获得的一些具有芳香气味的物质。随着科学的发展，发现这些物质分子中都含有苯的环状结构，所以，人们就把凡分子里

含有 1 个或多个苯环的烃类称为**芳香烃**。苯环被看做是芳香烃的母体。但后来发现，有些芳香族化合物不仅没有香味，反而有难闻的气味，而且许多有芳香气味的物质也并不属于芳香烃，因此，芳香烃这一名称已失去了原来的含义。

苯是最简单的芳香烃，是芳香烃的典型代表。芳香族化合物在自然界存在广泛，尤其在煤和石油中较为丰富。一些重要的芳香族化合物及其衍生物与生命活动有着密切的联系。

一、苯

1. 苯的分子结构

苯的分子式是 C_6H_6。对苯结构的研究经历了漫长的过程。1865 年，德国化学家凯库勒（图 6-4）提出了苯的环状结构，并把苯的结构表示为：

图 6-4 凯库勒

凯库勒用苯的上述结构解释了当时一些已知的实验事实。根据凯库勒式，苯分子中含有三个碳碳双键，应该表现出烯烃的性质。但实验证明，苯不易被高锰酸钾所氧化，说明苯与一般烯烃在性质上有很大的差别，苯分子结构必有特殊性。

近代物理化学已经证明，苯分子的 6 个碳原子和 6 个氢原子都在同一平面上，6 个碳原子形成正六边形的环状结构，6 个碳碳键都是相同的，它们既不同于一般的单键，也不同于一般的双键，而是一种介于两者之间的特殊的化学键。为了表示苯分子的这一结构特点，常用下面的式子来表示苯的结构简式，见图 6-5。

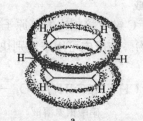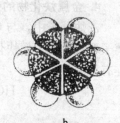

图 6-5 苯的分子结构和比例模型
a. 分子结构 b. 比例模型

所以，苯的凯库勒式只是历史的沿用，并不代表苯是由单、双键交替组成的环状结构。

化学简史

近代化学史上著名的有机化学家弗里德里希·奥古斯特·凯库勒提出的关于苯环结构的假说，对有机化学的发展做出了卓越贡献。他善于运用模型的方法，把化合物的性能与结构联系起来，1864 年，他的科学灵感导致他获得了重大的突破，首次满意地写出了苯的结构式，并指出芳香族化合物的结构中含有闭合的碳原子环。

苯环结构的诞生，是有机化学发展史上一个有重要意义的里程碑。凯库勒认为苯环中 6 个碳原子是由单键与双键交替相连的，以保持碳原子为 4 价，并于 1866 年画出了单、双键的空间模型。

作为一个杰出的科学家，凯库勒的成就得到了世界的普遍公认。他的许多观点不仅受到科学家的高度重视，而且也常为工业家们所采纳。

2. 苯的性质

苯是无色、有芳香气味的液体，比水轻，不溶于水；苯有毒，是一种致癌物质，使用时应注意安全。苯具有特殊的环状结构，化学性质比较稳定，在一般情况下不与溴水或酸性 $KMnO_4$ 溶液发生反应。但在一定条件下，苯也可以发生一些化学反应。

> 苯是一种重要的化工原料，广泛用于合成纤维、橡胶、塑料、农药、染料、香料等，也是常用的一种有机溶剂。
> 苯及其同系物对人体有一定的毒害作用，长期吸入它们的蒸气能损坏造血器官和神经系统。贮藏和使用这些化合物的场所应加强通风，操作人员应注意采取保护措施。

（1）取代反应。

苯分子中的氢原子能被其他原子或原子团所取代的反应，称为苯的取代反应。例如，苯在铁的催化作用下，可与卤素发生反应。

苯分子中的氢原子被硝基（$-NO_2$）所取代的反应，称为硝化反应。该反应通常使用混酸（浓硝酸与浓硫酸），并在 $50\sim60\ ℃$ 条件下进行。反应时，浓硫酸兼有催化和脱水作用。

> 硝基苯是一种具有苦杏仁味的无色油状液体（不纯的硝基苯呈浅黄色），密度比水大，有毒，使用时要特别小心。
> 硝基苯是制造燃料和农药的重要原料。

烃分子中的氢原子被磺酸基（—SO$_3$H）取代的反应称为磺化反应。例如，苯与浓硫酸共热，反应可生成苯磺酸和水。

$$\text{C}_6\text{H}_6 + \text{H}_2\text{SO}_4 \underset{\triangle}{\overset{70\sim80\ ℃}{\rightleftharpoons}} \text{C}_6\text{H}_5\text{—SO}_3\text{H} + \text{H}_2\text{O}$$

苯磺酸

（2）加成反应。

苯不具有典型的双键所具有的加成反应，但在特殊情况下，如在催化剂、高温、高压或光的作用下，仍可发生一些加成反应。例如，苯在一定条件下，可与氢气、氯气发生加成反应。

$$\text{C}_6\text{H}_6 + 3\text{H}_2 \xrightarrow[\triangle]{\text{Ni}} \text{环己烷}$$

环己烷

$$\text{C}_6\text{H}_6 + 3\text{Cl}_2 \xrightarrow{\text{日光或紫外光}} \text{六六六}$$

六六六

> "六六六"在 20 世纪 70 年代以前曾作为杀虫剂大量使用，但由于它的毒性和对环境的污染，现已被禁止使用。

苯在空气中燃烧，生成二氧化碳和水，常因燃烧不完全而发出带有浓烟的明亮火焰。

二、稠环芳香烃

稠环芳香烃是由两个或两个以上的苯环以共用两个相邻碳原子的方式稠合而成的烃，比较重要的有萘、蒽、菲，它们都是合成药物和染料的重要原料。其中，萘最为重要，它是最基本的八大化工原料（即乙烯、丙烯、丁二烯、苯、甲苯、二甲苯、乙炔和萘）之一。

萘   蒽   菲

萘的化学性质与苯相似，易在 α 位（1，4，5，8 位）发生取代反应，且较苯易发生氧化反应。蒽和菲则容易在 9、10 位碳原子上发生氧化反应，生成醌类化合物。

化学与生活

萘是无色片状结晶，易升华，具有防蛀、驱虫的作用。过去用来防止衣物被蛀所用的"卫生球"，其主要成分就是萘。但是，现已发现萘对人体有致癌作用，所以现在多用樟脑球代替"卫生球"。

蒽和菲的许多衍生物都有致癌作用，某些含4个或4个以上苯环的稠环芳烃也有致癌作用。例如，几微克的3，4-苯并芘就可以使接受试验的动物致癌。现在提倡戒烟，就是因为烟草在燃烧时，会产生这种致癌物质，容易诱发癌症。因此，吸烟以及汽车尾气等对环境的污染和对人类健康的危害，应引起人们足够的重视。

本 章 小 结

一、有机化合物

有机化合物相对确切的定义是碳氢化合物及其衍生物。有机物分子中，碳原子之间以共价键相互连接成链状或环状；还可以碳碳单键（C—C）、双键（C＝C）或叁键（C≡C）相连接。

在有机物分子中，表示分子中原子的种类和数目，并以短线代表共价键将其相连的式子称为结构式，其简写形式称为结构简式。

二、烃

仅由碳和氢两种元素组成的有机化合物称为烃，也称为碳氢化合物。结构相似，分子组成上相差1个或若干个 CH_2 原子团的化合物，互称同系物。具有相同的分子式，但具有不同结构的现象，称为同分异构现象。

烷烃的系统命名法：选择含碳原子数最多的一条碳链作为主链，命名母体名称为某烷；从距离支链（取代基）近端开始给主链编号，并依次将取代基的位置、数目、名称写在母体名称之前，位号与名称之间用半字线"–"连接。

几种重要烃的结构及性质见下表：

类别 \ 项目	饱和链烃（烷烃）	不饱和链烃		苯
		烯烃	炔烃	
通式	C_nH_{2n+2}	C_nH_{2n}	C_nH_{2n-2}	介于单、双键之间的特殊的键
代表物	甲烷	乙烯	乙炔	苯
化学特性	取代反应 氧化反应	加成反应 氧化反应 聚合反应	加成反应 氧化反应 聚合反应	取代反应 不易发生加成反应
鉴别方法		使酸性 $KMnO_4$ 溶液褪色 使溴水或溴的四氯化碳溶液褪色	使酸性 $KMnO_4$ 溶液褪色 使溴水或溴的四氯化碳溶液褪色	不与酸性 $KMnO_4$ 溶液反应 不使溴水褪色

第七章 烃的衍生物

◀ 学 习 目 标 ▶

知识目标

1. 了解各类烃的衍生物的结构特点和主要化学性质；
2. 了解主要烃的衍生物在生产生活中的应用。

能力目标

学会各类烃的衍生物的鉴别方法。

烃分子中的氢原子被其他原子或原子团所取代，衍生出的一系列新的化合物，**称为烃的衍生物**。烃的衍生物种类很多，有醇、酚、醛和羧酸等含氧衍生物，也有胺、酰胺等含氮衍生物和杂环化合物等，它们在生产生活中，应用非常广泛。例如，烹饪用的料酒、临床用的消毒酒精，以及从自然界中直接取得的苹果酸和柠檬酸等都是烃的衍生物。

烃的衍生物的性质由其所含的官能团决定的。本章主要介绍一些常见的烃的衍生物。

第一节 卤 代 烃

卤代烃是指烃分子中的氢原子被卤素原子取代后所生成的一类化合物，常用通式 R—X 表示，官能团是卤素原子（—X）。在生产生活中，卤代烃广泛用于农药、麻醉剂、灭火剂和溶剂等。

一、卤代烃的分类和命名

根据分子中所含卤原子的不同，卤代烃分为氟代烃、氯代烃、溴代烃和碘代烃；根据分子中所含卤原子的个数，卤代烃可分为一卤代烃、二卤代烃和多卤代烃；根据分子中烃基的不同，卤代烃又分为脂肪族卤代烃、芳香族卤代烃。卤代烃的命名和烃的命名相似，只是把卤素看作取代基。例如：

$CHCl_3$ $CH_3—CH_2—Br$

三氯甲烷（氯仿）   溴乙烷   溴苯

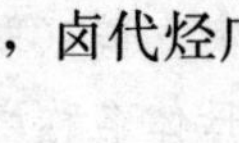

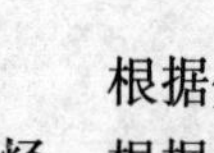

🍎 化学与生活

氟利昂（Freon）是一类含氟和氯的烷烃（如 CCl_2F_2、CCl_3F、$CClF_3$ 等）

的总称，它们都是很好的致冷剂。二氟二氯甲烷 CCl_2F_2 的商品名是 F-12，是一种无色、无毒、无腐蚀性、化学性质稳定、加压易液化、解压易气化的物质，因此广泛用作冰箱、空调等的制冷剂。

但是，随着这些物质的大量使用，排放到大气中的氟利昂进入大气层后，严重破坏了能吸收紫外辐射的臭氧层，导致大量紫外线直接透射到地面，严重威胁了人类的生存及动植物的生长。因此，20 世纪 80 年代末，国际上先后签订了多个关于限制使用氟利昂的协议，以保护人类的生存环境。

二、卤代烃的性质

常温常压下，除极少数卤代烃是气体外，一般多为液体或固体。卤代烃不溶于水，易溶于大多数有机溶剂。卤代烃的化学性质主要由其官能团（—X）所决定的。

1. 取代反应

卤代烃与 NaOH（或 KOH）水溶液共热时，卤素原子被羟基（—OH）取代生成醇。例如：

$$CH_3CH_2—Br+NaOH \xrightarrow[\triangle]{H_2O} CH_3CH_2—OH+NaBr$$

　　　溴乙烷　　　　　　　　　　　乙醇

卤代烃与 NH_3 反应时，卤素原子被胺基（—NH_2）取代生成胺。例如：

$$CH_3CH_2CH_2Cl+NH_3 \longrightarrow CH_3CH_2CH_2NH_2+NH_4Cl$$

　　　氯丙烷　　　　　　　　　　丙胺

2. 消除反应

卤代烷与 NaOH（或 KOH）的醇溶液共热，从分子中脱去一分子卤化氢而生成烯烃。例如：

$$\underset{\underset{H\qquad Cl}{|\qquad|}}{CH_2—CH_2} \xrightarrow[\triangle]{NaOH/醇} CH_2 =CH_2+NaCl+H_2O$$

$$\underset{\underset{\quad H\quad Cl}{\quad|\quad|}}{CH_3-CH-CH_2} \xrightarrow[\triangle]{NaOH/醇} CH_3—CH =CH_2+NaCl+H_2O$$

这种在适当的条件下，有机物分子内脱去一个小分子（如 H_2O、HX、NH_3 等）而生成不饱和化合物的反应，称为**消除反应**。

知识拓展

对于结构不对称的卤代烃，在发生消除反应时可生成不同的产物。例如：

$$\underset{\underset{Br}{|}}{CH_3—CH_2—CH—CH_3} \xrightarrow[\triangle]{NaOH/乙醇} \begin{cases} CH_3—CH = CH—CH_3 & 81\% \\ \quad\quad 2-丁烯 \\ CH_3—CH_2—CH = CH_2 & 19\% \\ \quad\quad 1-丁烯 \end{cases}$$

可以看出，不对称的卤代烃在发生消除反应时，总是消去含氢较少的 β-碳原子上的氢，生成的主要产物是双键碳原子上连有较多烃基的烯烃，这一规律称为扎依切夫规律。

第二节　醇、酚、醚

醇、酚、醚都是烃的含氧衍生物。醇和酚的官能团都是羟基（—OH），通常把醇分子中的羟基，称为醇羟基；酚分子中的羟基，称为酚羟基。醚则是以醚键（—O—）为官能团的化合物。

许多天然产物中含有醇或酚的结构。有些醇、酚、醚不仅是重要的工业原料，也与我们的日常生活密切相关。

一、醇

烃基与羟基（—OH）直接相连而成的化合物称为醇。乙醇俗称酒精，是其重要的代表物。

乙醇可以看做是乙烷分子中的 1 个氢原子被—OH 取代后的生成物，分子式为 C_2H_6O，结构式为：

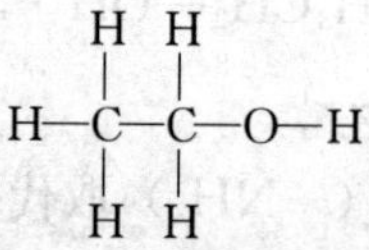

$$\begin{array}{c} H\ \ H \\ |\ \ \ | \\ H-C-C-O-H \\ |\ \ \ | \\ H\ \ H \end{array}$$

结构简式为 CH_3—CH_2—OH 或 C_2H_5—OH。乙醇分子的比例模型如图 7-1 所示。

图 7-1　乙醇的比例模型

常温下，纯净的乙醇是无色、透明、易挥发、有特殊香味的液体，能与水以任意比例互溶；沸点为 78.5 ℃。乙醇是重要的有机溶剂，能溶解多种有机物和无机物；乙醇也是重要的化工原料和常用的燃料。临床上，常用于医用消毒剂（70％的乙醇）、配制碘酒等。

由于乙醇分子中的 O—H 键和 C—O 键都比较活泼，因此，乙醇发生的化学反应主要有两种：一种是羟基上氢原子的反应，另一种是羟基被取代或脱去的反应。

1. 取代反应

做中学	向 1 支盛有 2 mL 无水乙醇的试管中，投入一小块新切的、用滤纸吸干表面煤油的金属钠，观察反应现象。 （1）可以看到，试管中＿＿＿＿＿（填有或无）气体逸出； （2）与钠投入水中的实验现象相比较，该反应程度相对比较＿＿＿＿＿。

乙醇与金属钠反应时，与水的性质相似，乙醇羟基中的氢原子被金属钠取代，生成乙醇钠（CH_3CH_2ONa），同时放出氢气。但此反应比水与钠的反应

要缓和得多。

$$2CH_3CH_2OH + 2Na \longrightarrow 2CH_3CH_2ONa + H_2\uparrow$$

2. 氧化反应

乙醇在空气中燃烧，发出淡浅蓝色的火焰，同时，放出大量的热。

$$CH_3CH_2OH + 3O_2 \xrightarrow{\text{点燃}} 2CO_2 + 3H_2O$$

做中学	在一支洁净的试管中，滴入 3～4 mL 无水乙醇后，置于 50 ℃左右的热水中。另将一束细铜丝放在酒精灯上灼烧后，立即伸入该试管中，这样反复操作几次，在试管口闻生成物的气味，并观察铜丝表面的变化。
	（1）在试管口，可以闻到生成物有_____气味； （2）在铜丝表面，可以看到_____。

乙醇蒸气在加热和催化剂（Cu 或 Ag）存在下，能被空气中的氧氧化生成乙醛（CH₃CHO）。工业上常用这个方法由乙醇制备乙醛。

$$2CH_3CH_2OH + O_2 \xrightarrow[\triangle]{\text{Cu 或 Ag}} 2CH_3CHO + 2H_2O$$

乙醛

 化学与生活

酒后驾车危害很大。交警检查司机是否酒后驾车就是依据醇的氧化反应。在检测仪器里，装有橙色的酸性重铬酸钾，该物质具有氧化性，若司机酒后驾车，呼出的乙醇蒸气遇到酸性的重铬酸钾时，橙色的 $Cr_2O_7^{2-}$ 就被还原为绿色的 Cr^{3+}，颜色变化明显，据此即可判定司机是否饮酒。

$$R-CH_2-OH \longrightarrow R-\overset{\overset{O}{\|}}{C}-H \longrightarrow R-\overset{\overset{O}{\|}}{C}-OH + Cr^{3+}$$

我国对酒驾有明确规定：驾驶员血液中的酒精含量大于或等于 20 mg/100 mL，小于 80 mg/100 mL 的驾驶行为，饮酒驾车；驾驶员血液中的酒精含量大于或等于 80 mg/100 mL 的驾驶行为，属于醉酒驾车。

为了自己和家人，为了别人家庭的幸福，喝酒不开车，开车不喝酒！

3. 脱水反应

乙醇与浓硫酸共热时，容易发生脱水反应。反应温度不同，脱水方式也不同。通常，当反应温度加热到 140 ℃时，两分子乙醇发生分子间脱水，生成乙醚；当温度加热到 170 ℃时，乙醇分子中的羟基和 β-碳原子上的氢发生分子内脱水，生成乙烯。

$$CH_3CH_2\!-\!\overline{OH} \xrightarrow[140\,℃]{浓\ H_2SO_4} CH_3CH_2\!-\!O\!-\!CH_2CH_3 + H_2O$$
$$CH_3CH_2\!-\!\overline{OH}$$
乙醚

$$\underset{\boxed{H\quad OH}}{CH_2\!-\!CH_2} \xrightarrow[170\,℃]{浓\ H_2SO_4} H_2C\!=\!CH_2 + H_2O$$

知识拓展

　　甲醇最早是由木材干馏制得，故又称木醇。甲醇是无色、易挥发的液体，有酒味，易溶于水；有毒，误饮 10 mL 能使人双目失明，误饮 30 mL 会导致死亡。长期皮肤接触或吸入蒸气也能使人中毒。甲醇是重要的化工基础原料，广泛用于医药、农药、染料等有机合成的原料。

　　丙三醇俗称甘油，是无色、黏稠、有甜味的液体，与水以任意比例互溶，并能吸收空气中的水分，具有很强的吸湿性。甘油的用途广泛，常用作化妆品、皮革、烟草、食品等的吸湿剂。此外，由甘油为原料制备的三硝酸甘油酯（俗称硝化甘油），是治疗心绞痛等药物的主要成分之一。

二、酚

　　羟基（—OH）与芳环直接相连的化合物称为酚，通常用通式 Ar—OH（Ar 代表芳基）表示。苯酚是最简单、也是最重要的酚。

　　苯酚的分子式是 C_6H_6O，它们的结构简式为

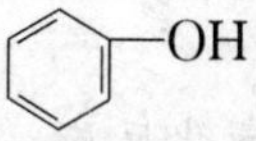

⬡—OH 或 C_6H_5OH。苯酚分子的比例模型如图 7-2 所示。

　　纯净的苯酚是无色、具有特殊气味的针状晶体，长时间露置在空气中会因氧化而使表面呈粉红色至褐色。常温下，苯酚微溶于水，但加热时苯酚的溶解度增大，当温度高于 65 ℃时能与水以任意比例混溶。苯酚易溶

图 7-2　苯酚分子的比例模型

于乙醇、乙醚等有机溶剂；有腐蚀性，如果不慎溅到皮肤上，应立即用酒精洗涤。因此，使用时应特别小心。

　　苯酚是一种重要的化工原料，多用于制造合成纤维（如锦纶）、酚醛塑料（俗称电木）、炸药、染料、农药（如植物生长调节剂）、医药（如阿司匹林）等；苯酚能凝固蛋白质，可用作消毒剂和防腐剂，3%～5% 的苯酚溶液可用于外科器械的消毒；纯净的苯酚还可制成洗涤剂和软膏，药皂中有时也掺入少量的苯酚，起杀菌和止痛作用。

　　苯酚的化学性质比较活泼，它具有苯环的各种反应，又具有羟基的一些特征反应。

1. 酚的弱酸性

做中学	向盛有少量苯酚晶体的试管中，加入 2 mL 蒸馏水，振荡，观察有何现象。然后，向上述试管中逐滴加入 5％NaOH 溶液，边滴加边振荡，观察现象。将 CO_2 通入上述溶液中，又会有什么现象？
	（1）往苯酚晶体中加水，振荡后，可见＿＿＿＿＿＿＿； （2）在上述试管中逐滴加入 5％NaOH 溶液后，＿＿＿＿＿＿＿； （3）向上述溶液中吹入 CO_2，＿＿＿＿＿＿＿。

　　由于苯酚微溶于水，因此向苯酚晶体中加入蒸馏水后溶液呈混浊状；加入 NaOH 溶液后，苯酚与 NaOH 溶液发生反应，生成了易溶于水的苯酚钠，如图 7-3 所示。

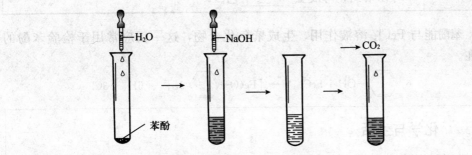

图 7-3　苯酚与 NaOH 的反应

向上述澄清的苯酚钠溶液中通入 CO_2，苯酚即又重新游离出来。

2. 取代反应

做中学	向盛有少量苯酚溶液的试管中，逐滴滴加饱和溴水，振荡，观察现象。
	可以看到，试管中＿＿＿＿＿＿＿（填有或无）白色沉淀析出。

　　苯酚和溴水可发生反应，立即生成 2，4，6-三溴苯酚白色沉淀。此反应比较灵敏，常用于苯酚的定性鉴定和定量分析。

2,4,6-三溴苯酚

学中做	下列物质中，能使溴水褪色，且有白色沉淀生成的是（ ） A. 甲苯　　　　B. 苯酚　　　　C. 乙醇　　　　D. 甲酚

3. 显色反应

做中学	向盛有少量苯酚溶液的试管中，滴入几滴 3% $FeCl_3$ 溶液，振荡，观察溶液颜色的变化。
	可以看到，溶液呈_____色。

苯酚能与 $FeCl_3$ 溶液作用，生成紫色化合物，这一反应常用于检验苯酚的存在。

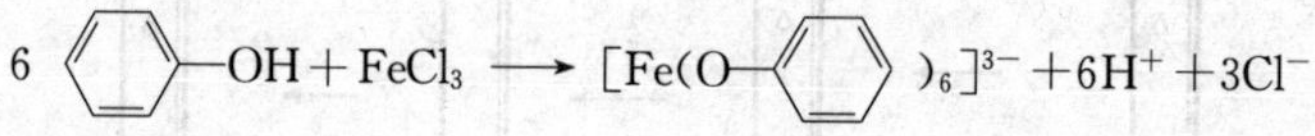

$$6 \bigcirc\text{-OH} + FeCl_3 \longrightarrow [Fe(O\text{-}\bigcirc)_6]^{3-} + 6H^+ + 3Cl^-$$

> ### 🍅 化学与生活
>
> 甲苯酚俗称煤酚，有邻甲苯酚、间甲苯酚和对甲苯酚 3 种异构体。三者的沸点非常接近，不易分离，通常使用它们的混合物。煤酚难溶于水，易溶于肥皂液中，它的杀菌能力比苯酚强，是良好的消毒剂。医药上常用的"来苏儿"，就是含煤酚 47%～53% 的肥皂溶液，用于机械消毒和环境消毒。一般家庭消毒、畜舍消毒时，可稀释至 3%～5% 使用；5%～10% 溶液可用于排泄物消毒。

学中做	现有乙醇、苯酚、石灰水 3 种无色溶液，请选一种试剂将它们鉴别开来。这种试剂是（ ）。 A. $FeCl_3$　　　　B. NaOH　　　　C. 溴水　　　　D. $NaHCO_3$

三、醚

醚是 2 个烃基通过一个氧原子连接起来的化合物，醚键（C—O—C）是其官能团，其通式可表示为：R—O—R′。R、R′为烃基，两者可以相同，也可以不同。R、R′相同时，称为单醚，R、R′不同时称为混合醚。

乙醚是最简单、也是最重要的醚，结构式为 CH_3CH_2—O—CH_2CH_3。

乙醚是无色、易挥发、有特殊气味的液体，微溶于水，易燃；能溶解多种有机物，是常用的有机溶剂。乙醚性质比较稳定，一般不与活泼金属、碱等物质发生反应。但乙醚的蒸气与空气混合后，遇火会发生爆炸，使用时要远离火源。

🍅 化学与生活

乙醚是外科手术上最早使用的全身性麻醉剂，人和动物如果吸入乙醚蒸气后会失去知觉。由于醚与空气长期接触，会发生缓慢的氧化，生成过氧化乙醚，吸入少量过氧化乙醚对呼吸道有刺激作用，吸入多量能引起肺炎和肺水肿，现逐步被其他药物所代替。目前，临床上，乙醚主要用于大牲畜的外科手术麻醉。

醚的过氧化物不稳定，受热或受到摩擦时，易分解而发生爆炸。所以，对于久置的乙醚在使用前必须检查是否含有过氧化物。常用的检验方法是用碘化钾—淀粉试纸（或溶液），如含有过氧化物，则试纸（或溶液）变为蓝色。通常，贮藏时，在其中加入硫酸亚铁或亚硫酸钠等还原剂，以防氧化。

知识拓展

除草醚为淡黄色针状结晶，有特殊的气味，难溶于水，易溶于乙醇、苯等有机溶剂。除草醚在空气中稳定，对金属制品无腐蚀性，对人畜及鱼虾均安全。但它是一种常用的触杀性除草剂，对刚萌芽的稗草、鸭舌草、牛毛草等有选择性的触杀性作用，是一种常用，常用作水田和某些旱田等。其结构式为：

$$Cl—\overset{Cl}{\underset{}{C_6H_3}}—O—C_6H_4—NO_2$$

第三节　醛、酮、醌

醛、酮、醌都是烃的重要含氧衍生物，它们分子中都含有羰基（ C=O ），统称为羰基化合物。它们在自然界存在广泛，有些在生物体内的物质代谢过程中起着重要的作用。

一、醛和酮

醛、酮分子中都含有羰基（ C=O ）。羰基碳原子与 1 个氢原子结合，构成

醛基（ $-\overset{O}{\underset{}{\overset{\|}{C}}}-H$ 或 $-CHO$ ），醛基是醛的官能团。由烃基跟醛基相连（甲醛除外）

而构成的化合物称为醛，通常用 $R-\overset{O}{\underset{}{\overset{\|}{C}}}-H$ 或 RCHO 表示。乙醛是醛类中较重要的化合物之一。

> 甲醛又称蚁醛，结构简式为 HCHO，是分子结构最简单的醛。
>
> 甲醛是无色、有强烈刺激性气味的气体，有致癌作用。家居装修时，使用的胶合板中常含有甲醛等有害物，因此，要注意通风。甲醛易溶于水，37%～40%的甲醛水溶液俗称"福尔马林"，具有杀菌和防腐能力，广泛用来浸制生物标本。在农业上，可用于小麦、棉花等种子的浸种杀菌，防治小麦黑穗病；还可给仓库、牲口棚或蚕室进行消毒。
>
> 甲醛也是一种重要的化工原料，在制药、塑料和制革等领域应用广泛。

由羰基与两个烃基相连而构成的化合物称为酮，酮基是酮的官能团，通常用 $R-\overset{O}{\underset{}{\overset{\|}{C}}}-R'$ 或 RCOR'表示。其中，R、R'可以相同，也可以不同。丙酮是分子结构最简单的酮。

1. 乙醛和丙酮的结构

乙醛的分子式为 C_2H_4O，其结构式为 $H-\overset{H}{\underset{H}{\overset{|}{C}}}-\overset{O}{\overset{\|}{C}}-H$ ，结构简式为

$CH_3-\overset{O}{\underset{}{\overset{\|}{C}}}-H$ 或 CH_3CHO，图 7-4 是乙醛分子的比例模型。

丙酮的分子式为 C_3H_6O，其结构式为 $H-\overset{H}{\underset{H}{\overset{|}{C}}}-\overset{O}{\overset{\|}{C}}-\overset{H}{\underset{H}{\overset{|}{C}}}-H$ ，结构简式为

$CH_3-\overset{O}{\underset{}{\overset{\|}{C}}}-CH_3$ 或 CH_3COCH_3，图 7-5 是丙酮分子的比例模型。

图 7-4　乙醛分子的比例模型　　　　图 7-5　丙酮分子的比例模型

2. 乙醛和丙酮的性质

乙醛和丙酮是无色、易挥发的易燃液体，都能与水、乙醇、乙醚等以任意比例

互溶，不同之处在于乙醛有刺激性气味，而丙酮略带芳香气味。此外，丙酮还能溶解脂肪、树脂和橡胶等有机物。

乙醛和丙酮的化学性质主要是由分子中的羰基所决定的，羰基的 C＝O 键与 C＝C 键的性质相似，比较活泼，因此它们具有许多相似的化学性质。但醛的羰基上连接一个烃基和一个氢原子，而酮的羰基上连接两个烃基，故两者在性质上存在着一定的差异。

(1) 还原反应。

在 Ni 催化作用下，乙醛和丙酮都能与氢发生加成反应而被还原，分别生成乙醇和 2-丙醇。

$$CH_3-\overset{O}{\overset{\|}{C}}-H + H_2 \xrightarrow[\triangle]{Ni} CH_3-CH_2-OH$$
乙醇

$$CH_3-\overset{O}{\overset{\|}{C}}-CH_3 + H_2 \xrightarrow[\triangle]{Ni} CH_3-\overset{OH}{\overset{\|}{C}H}-CH_3$$
2-丙醇

(2) 氧化反应。

学中做	在 1 支试管中加入 2 mL 2％AgNO_3 溶液，边逐滴加入 2％稀氨水，边振荡试管，直到最初生成的沉淀恰好溶解为止。这样得到的溶液称为银氨溶液，也称**托伦试剂**，其主要成分是 $Ag(NH_3)_2OH$。 将上述银氨溶液分成 2 份置于另 2 支试管中，向其中的 1 支试管中滴加 3 滴乙醛，另一支试管中滴加 3 滴丙酮，振荡后把 2 支试管放入热水浴里加热，过一会儿，观察 2 支试管的内壁上有什么变化？
	可以看到，滴加乙醛的试管壁上出现_____，而滴加丙酮的试管壁上则_____。

在银氨溶液中加入乙醛后，乙醛被氧化成乙酸，银氨溶液中的银离子被还原成金属银，附着在试管内壁上，形成银镜（图 7-6），这个反应称为**银镜反应**。反应式为：

$$CH_3CHO+2Ag(NH_3)_2OH \xrightarrow{\triangle} CH_3COONH_4+2Ag\downarrow+3NH_3\uparrow+H_2O$$

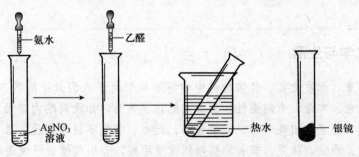

图 7-6 乙醛的银镜反应

但是，在滴入丙酮的试管内没有发生变化。因此，银镜反应常用来检验醛基的存在，可用来鉴别乙醛和丙酮。在工业上，常应用银镜反应这一原理，把银均匀地镀在玻璃上制镜或制保温瓶胆。

 化学与生活

日常生活中，镜子随处可见，但你知道镜子的由来吗？其实，人类开始制造镜子是在 100 多年前"银镜反应"问世后才开始的。在此之前，人们只是用一盆清水或者水池作镜子用。进入青铜时代，铜镜得到了广泛应用，但其缺点是易生锈，一旦生锈便模糊看不清；之后，人们又尝试过用银、铁来磨制镜子，但都因氧化而变暗。13 世纪后半叶，人们将金属板粘在平板玻璃上制得了比较理想的镜子，但因成本很高未能普及。后来人们又用汞（水银）代替金属板，做成镜子，虽然镜子的光亮度很好，而且成本也低，但是汞蒸气的毒性，对工人的身体健康产生严重危害。所以，我们现在用的镜子是在 100 多年前才开始制造的。

做中学	向 2 支盛有 2 mL 10％NaOH 溶液的试管中，分别滴入 4～8 滴 2％ $CuSO_4$ 溶液，振荡；然后，在其中的 1 支试管中加入 0.5 mL 乙醛，另一支试管中加入 0.5 mL 丙酮，加热至沸。观察试管中发生的现象。
	可以看到，加入乙醛的试管内出现_____，而加入丙酮的试管内_____。

乙醛与弱氧化剂费林试剂（新制的碱性氢氧化铜）作用，乙醛被氧化成乙酸，这个反应称为**费林反应**。反应式为：

$$CH_3CHO + 2Cu(OH)_2 \xrightarrow{\triangle} CH_3COOH + Cu_2O\downarrow + 2H_2O$$
（红棕色）

费林反应是醛基的特有反应，能氧化乙醛而不能氧化丙酮。因此，常用来区别醛和酮。

 化学与生活

近年来，水发食品、装修材料中毒等事件引起了人们对甲醛的广泛关注。甲醛是无色、有毒、有刺激性和易挥发的化学物质，如果短期内接触高浓度的甲醛蒸气，轻者会出现气喘、头晕头痛、乏力、咽喉不适等症状；重者会导致呼吸困难、昏迷、休克。若长期接触低浓度甲醛，会引起慢性呼吸道疾病、细胞核基因突变和免疫功能异常等症状。因此，国际癌症研究机构在 2004 年将甲醛上升为第一类致癌和致畸形物质。

　　生活中，甲醛大量存在于黏合剂、油漆和涂料中。在家庭装潢材料中，复合地板、家具等使用的密度板中甲醛含量较高，而且这些木材中甲醛散发速度很慢。因此，在家居装潢时，一定要选择正式生产厂家的产品。另外，在装潢结束后，一般要经过 30 d 左右的挥发、干燥后，才能考虑居住。

　　如果在食品中加入含有甲醛的"吊白块"，不仅使食品的营养成分受到破坏，还会使食用者出现过敏、食物中毒等疾病。因此，在食品中禁止添加"吊白块"。

二、醌

　　凡是分子中含有环己二烯二酮结构（　　或　　　）的化合物称为醌。

醌都带有颜色。一般，对位醌呈黄色，邻位醌呈红色或橙色。

　　醌及其衍生物在自然界存在广泛，它们在动植物体内发挥着重要的生理作用。例如，维生素 K_1、维生素 K_2 是 1，4 - 萘醌的衍生物，有促进凝血酶原生成的作用，是人和动物不可缺少的维生素。

$$K_1：R 为 -CH_2CH=C-(CH_2CH_2CH_2CH)_3-CH_3$$
$$K_2：R 为 -(CH_2-CH=C-CH_2)_5-CH_2-CH=C-CH_3$$

　　又如，泛醌是脂溶性有机物，因其在动植物体内存在广泛而得名。泛醌也是生物体内氧化还原过程中极为重要的一种物质。

$$CH_3O-，(CH_2CH=C-CH_2)_n-H$$
$$CH_3O-，CH_3$$

第四节　羧酸与酯

　　羧基与烃基或氢原子连接而成的化合物称为羧酸，由酸与醇作用脱水生成的化合物称为酯。羧酸广泛存在于动植物体内，在动植物的生理代谢过程中起着非常重要的作用。其中，乙酸是较重要的羧酸代表物。

乙酸是一种常见的有机物。在人们经常使用的调味品——食醋中，就含有3％～9％的乙酸，所以乙酸俗称醋酸。在我国，很早就有用大米、高粱、麸皮、柿子等有机物在微生物的作用下发酵转化为乙酸的方法来制取食醋，如著名的山西老陈醋、江苏镇江香醋等。乙酸在自然界分布很广，还以盐、酯或游离态的形式存在于动植物体内。

乙酸的分子式为 $C_2H_4O_2$，结构式为

$$CH_3-\overset{\overset{O}{\|}}{\underset{\underset{O}{\|}}{C}}-H$$

，结构简式为 CH_3COOH。在乙酸

分子中，$-\overset{O}{\underset{\|}{C}}-H$ 或—COOH 称为羧基。羧基是

羧酸的官能团。乙酸分子的比例模型如图 7-7

图 7-7 乙酸分子的比例模型

所示。

乙酸是一种无色、有强烈刺激性酸味的液体，易溶于水、醇、乙醚等许多有机物中。乙酸的熔点为 16.6 ℃，当温度低于 16.6 ℃时，乙酸就凝结成似冰状的晶体，所以，无水乙酸又称为冰醋酸。

由于乙酸分子中的羧基是由羰基和羟基直接相连而成的，这两个官能团相互影响，使乙酸表现出特殊的性质。

1. 酸性

乙酸分子在水溶液中能够电离出氢离子而显酸性，能与盐、碱等发生复分解反应生成盐。例如：

$$CH_3COOH + NaOH \longrightarrow CH_3COONa + H_2O$$

2. 酯化反应

在浓 H_2SO_4 存在下，加热乙酸和乙醇的混合物，会产生一种有香味的物质——乙酸乙酯。这种醇与酸脱水生成酯的反应，称为**酯化反应**。酯化反应在常温下也能进行，但速度缓慢。

$$CH_3-\overset{\overset{O}{\|}}{C}-OH + H-O-C_2H_5 \underset{\triangle}{\overset{浓 H_2SO_4}{\rightleftharpoons}} CH_3-\overset{\overset{O}{\|}}{C}-O-C_2H_5 + H_2O$$

乙酸乙酯

这个反应是可逆的，生成的乙酸乙酯在同样条件下，又能发生水解生成乙酸和乙醇。浓 H_2SO_4 在该反应中起催化剂和脱水剂的作用。

乙酸乙酯是酯的代表物。常温下，乙酸乙酯是无色的液体，比水略轻，难溶于水，易溶于有机溶剂，具有特殊的香味。

乙酸乙酯在碱的存在下，也可发生水解，但水解不可逆，这是由于水解产物与碱作用生成了乙酸盐，能使反应进行到底。酯的水解反应在油脂工业上非常重要，把天然油脂或蜡加碱水解，可以制得肥皂。

化学与生活

生活中，酯存在普遍。例如，苹果中含有戊酸戊酯、菠萝中含有丁酸乙酯、香蕉中含有乙酸异戊酯等，其实许多花果的香味就是由这些酯引起的。人们在日常生活中食用的饮料、糖果和糕点等也常使用酯类香料。此外，避蚊油的主要成分是邻苯二甲酸二甲酯和邻苯二甲酸二丁酯，也属酯类物质。

"酒越陈越香"，这是因为酒长期存放后，一方面增加了酒与水之间的亲和力，使酒味更加甘甜柔和；另一方面，酒中的乙醇和其他有机酸发生了酯化反应，生成芳香浓郁的酯类物质。所以说，酒越陈越好喝。

第五节　胺与酰胺

胺和酰胺都是重要的含氮有机化合物。含氮有机化合物种类很多，其中，胺是生物化学变化过程中的重要物质，有些酰胺则是构成蛋白质的重要组成成分，在生命活动中起着十分重要的作用。

一、胺

氨分子中的氢原子被烃基（R—或 Ar—）取代后的化合物称为胺，氨基（—NH_2）是胺的官能团。例如：

$$CH_3—NH_2$$

甲胺　　　　　　　　　苯胺

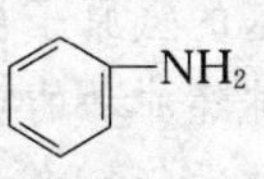

1. 苯胺

苯胺是最简单、也是最重要的芳香胺。纯净的苯胺是有特殊气味的无色油状液体，微溶于水，易溶于乙醇、乙醚等有机溶剂；易氧化，在空气中久置会变为黄以至红褐色。苯胺有毒，吸入蒸气或皮肤吸收均能引起中毒。

苯胺是弱碱性物质，能与酸作用生成盐，后者易溶于水和乙醇，遇强碱又释放出游离的苯胺。

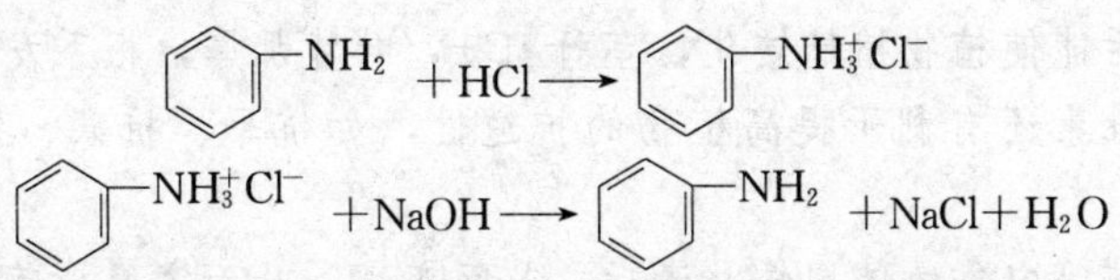

做中学	在盛有 10 mL 蒸馏水的试管中，滴入数滴苯胺，用力振荡后加入 1 mL 饱和溴水，观察实验的现象。
	可以看到，试管中有_____色沉淀生成。

苯胺与溴水反应生成 2，4，6 - 三溴苯胺沉淀，此反应可用于苯胺的定性和定量分析。

2,4,6 - 三溴苯胺

苯胺与浓硫酸共热，能发生磺化反应生成对氨基苯磺酸（ $H_2N\text{—}\bigcirc\text{—}SO_3H$ ）。对氨基苯磺酸与氢氧化钠反应生成的对氨基苯磺酸钠是重要的有机硫杀菌剂，可用于防治小麦锈病，商品名为敌锈钠。苯胺也是重要的有机合成原料，用于合成染料和药物。

知识拓展

胆胺和胆碱都是以结合态广泛存在于生物体中的，是磷脂化合物的重要组成成分。胆胺是脑磷脂的组成成分；胆碱因最初来源于胆汁，故称胆碱，它广泛分布于生物体内，在动物的卵和脑髓中含量较多，是卵磷脂的组成成分，在体内参与脂肪代谢，有抗脂肪肝的作用。

$$HO\text{—}CH_2\text{—}CH_2\text{—}NH_2 \qquad [HOCH_2CH_2N^+(CH_3)_3]\ OH^-$$

胆胺　　　　　　　　　　　　　　　　胆碱

胆碱分子中醇羟基的氢原子被乙酰基取代所生成的酯称为乙酰胆碱。在生物体内，乙酰胆碱是传导神经冲动的重要化学物质，它在生物体内正常的合成与分解，能保证生理代谢的正常进行。多数有机磷农药对昆虫的毒杀作用，正是由于这些农药对昆虫体内胆碱酯酶有强烈的抑制作用，使其丧失活性所致。所以，使用这类农药时必须注意人畜安全。

知识拓展

矮壮素是一种高效、低毒的植物生长调节剂，可抑制细胞生长，但不能影响细胞分裂。使用后能使植物植株矮化，茎秆粗壮，叶片加厚，根系发达，能有效防止植物徒长。矮壮素还有利于提高植物的抗逆性，如抗旱、抗寒、抗盐碱及抗病的能力。

小麦、棉花等农作物使用矮壮素后，节间变短，叶面宽厚，茎秆变粗，有防止麦类作物倒伏和棉花徒长、减少蕾铃脱落等作用。

$$\left[Cl\text{—}CH_2CH_2\text{—}\overset{\displaystyle CH_3}{\underset{\displaystyle CH_3}{N}}\text{—}CH_3\right]^+ Cl^-$$

矮壮素

二、酰胺

羧酸分子中的羟基被氨基取代后的生成物称为酰胺，可用通式 $R-\overset{\overset{\displaystyle O}{\|}}{C}-NH_2$ 表示。例如：

乙酰胺　　　　　　　　苯甲酰胺

一般来说，酰胺是中性或接近中性的化合物，不能使石蕊试剂变色。但由于氮原子上有未共用的电子对，使得酰胺在一定的条件下，表现出微弱的酸性和碱性。若酰胺氮上的一个氢原子被酰基取代生成酰亚胺（如邻苯二甲酰亚胺），则酸性明显增强，能与强碱作用生成盐。

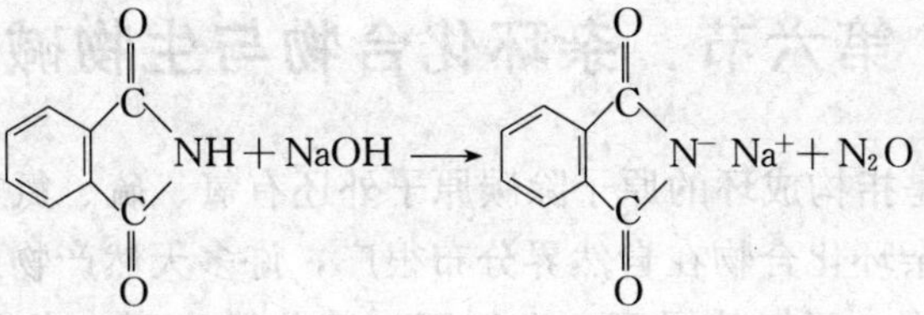

邻苯二甲酰亚胺

酰胺是羧酸的衍生物，在酸性或碱性条件下，可发生水解。

$$R-\overset{\overset{\displaystyle O}{\|}}{C}-NH_2 + H_2O \xrightarrow[\triangle]{H^+} R-\overset{\overset{\displaystyle O}{\|}}{C}-OH + NH_4^+$$

酰胺是生物体内氮素的一种贮藏形式，也是合成蛋白质所需氮素的来源之一。

知识拓展

氨基甲酸乙酯是稳定的白色晶体，在农业上广泛用作杀虫剂、杀菌剂和除草剂。它们对人畜的毒性很低，且不易在体内蓄积，是一类高效、低毒、广谱的新型农药，有广阔的发展前景。

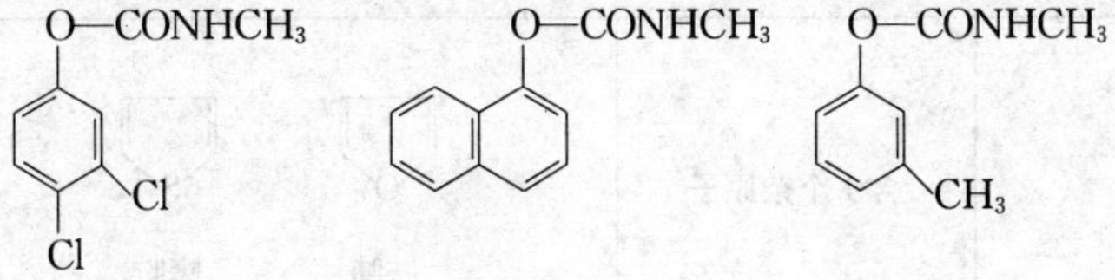

灭草灵　　　　　　　西维因　　　　　　速灭威

知识拓展

尿素是人类和高等动物体内蛋白质代谢的最终产物之一，又称碳酰胺，分子式为$CO(NH_2)_2$，结构式为：

$$H_2N-\overset{\overset{\displaystyle O}{\|}}{C}-NH_2$$

尿素是重要的有机氮肥，含氮量高，见效快，肥效持久。在土壤中，尿素受脲酶的作用逐渐水解为铵盐，而被植物吸收利用。

如果将尿素慢慢加热到 150～160 ℃，则两分子的尿素间就会失去一个小分子（氨），生成缩二脲。

$$H_2N-\overset{\overset{\displaystyle O}{\|}}{C}-NH_2 + H_2N-\overset{\overset{\displaystyle O}{\|}}{C}-NH_2 \xrightarrow{\triangle} H_2N-\overset{\overset{\displaystyle O}{\|}}{C}-NH-\overset{\overset{\displaystyle O}{\|}}{C}-NH_2 + NH_3$$

缩二脲

缩二脲在碱性溶液中与极稀的硫酸铜溶液作用，生成紫红色物质，这种颜色反应称为**缩二脲反应**。多肽和蛋白质都具有缩二脲的颜色反应。

第六节 杂环化合物与生物碱

杂环化合物是指构成环的原子除碳原子外还有氧、硫、氮等其他杂原子的环状有机化合物。杂环化合物在自然界分布很广，许多天然产物或人工合成的药物中都含有杂环结构。例如叶绿素、血红素、某些维生素、大多数生物碱（如吗啡）、抗菌素（如青霉素）、磺胺类药物和某些抗肿瘤药物等，它们的分子中都含有杂环结构，且大多数是含氮杂环。这些杂环化合物在生物体内有着极为重要的意义。

一、杂环化合物

杂环化合物的种类和数目繁多。按照分子中环的大小，杂环化合物分为五元杂环和六元杂环；按照分子中环的多少，可分为单杂环化合物和稠杂环化合物。常见杂环化合物的结构和名称，见表 7-1。

表 7-1 常见杂环化合物的结构和名称

杂环分类		重要的杂环化合物
单杂环	五元杂环	含1个杂原子 呋喃　　噻吩　　吡咯
		含2个杂原子 咪唑　　吡唑　　噻唑

杂环分类		重要的杂环化合物
单杂环	六元杂环	含 1 个杂原子
		吡啶　　　　　吡喃
		含 2 个杂原子
		嘧啶　　　吡嗪　　　哒嗪
稠杂环	五元杂环与苯环稠合体系	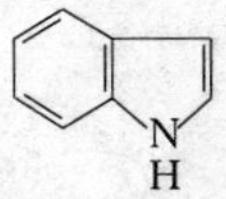 吲哚
	六元杂环与苯环稠合体系	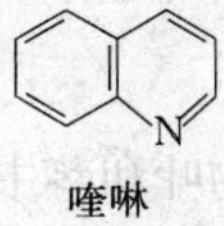 喹啉 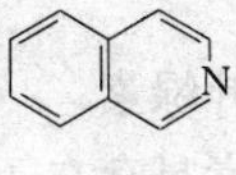　　　　　异喹啉
	杂环与杂环稠合体系	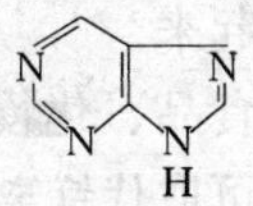 嘌呤

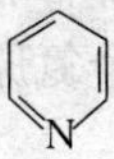

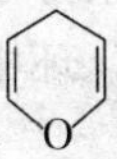

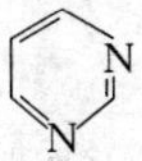

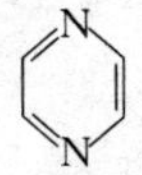

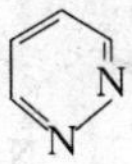

1. 糠醛

糠醛是呋喃的重要衍生物，是由米糠、甘蔗渣、玉米芯、花生壳等农副产品中制得的，故得此名。其化学名为 α -呋喃甲醛，结构式为：

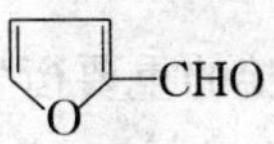

α -呋喃甲醛

纯糠醛是无色液体，有特殊香味；露置空气中，纯糠醛受光和热的作用，颜色很快变为黄、褐色甚至黑褐色，并发生树脂化。糠醛遇苯胺醋酸盐溶液呈深红色，此反应可用于糠醛的定性鉴别。

糠醛是重要的化工原料，可用于制造酚醛树脂、医药（如呋喃妥因、呋喃唑酮）、农药等。

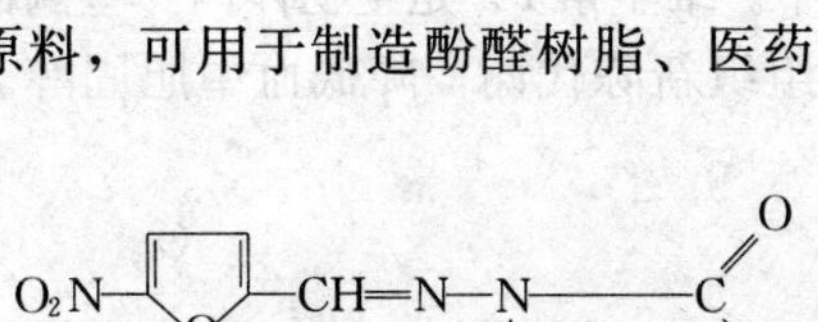

呋喃唑酮（痢特灵）

2. 叶绿素和血红素

叶绿素、血红素是吡咯的重要衍生物，它们在生物体内具有重要的生理作用。叶绿素、血红素分子中都含有相同的基本骨架——卟吩环，卟吩环是一个具有重要生理活性的环，环中 4 个氮原子能与许多金属离子结合形成螯合物。

卟吩 　　　　　叶绿素（R＝—CH₃，叶绿素 a；R＝—CHO，叶绿素 b）

（1）叶绿素。

叶绿素是存在于植物叶和茎中的绿色色素，它与蛋白质结合存在于叶绿体中，是植物进行光合作用所必需的催化剂。植物通过叶绿素吸收太阳能，将二氧化碳和水合成糖类贮存起来。

叶绿素可做食品、化妆品及医药上的着色剂。如果用硫酸铜的酸性溶液处理植物叶片，铜离子可取代镁离子而进入卟吩环的中心，形成铜代叶绿素，颜色更加鲜绿，且绿色也更加稳定。在浸制植物标本时，常用此法保持植物的绿色。

（2）血红素。

血红素是高等动物血液中最重要的色素，它与蛋白质结合生成血红蛋白而存在于红血球中，在体内起着输送氧的作用。

3. 维生素 PP 和维生素 B₆

维生素 PP、维生素 B₆ 都是吡啶的重要衍生物。吡啶存在于骨焦油和煤焦油的轻油馏分中，具有特殊的气味，可与水、乙醇、乙醚等混溶；在合成反应中，是常用的有机反应介质。

（1）维生素 PP。

维生素 PP 包括烟酸和烟酰胺两种，二者的生理作用相同，主要存在于肝、酵母、花生、米糠、豆类中。维生素 PP 是生物体内一些酶的组成成分，参与机体内的氧化还原过程，促进组织新陈代谢，降低血中胆固醇。当体内维生素 PP 缺乏时，会引发糙皮病。

烟酸 　　　　　烟酰胺

（2）维生素 B_6。

维生素 B_6 包括吡哆醇、吡哆醛、吡哆胺三种，它们在自然界中分布很广，也是维持蛋白质正常代谢所必需的维生素。

吡哆醇　　　　　　　吡哆醛　　　　　　　　吡哆胺

维生素 B_6 为无色晶体，易溶于水和酒精，耐热，易被光破坏，主要存在于蔬菜、鱼、肉、谷物等中。如果长期缺乏维生素 B_6，会引起中枢神经系统和造血器官的损害。

4. 维生素 B_1 和嘧啶碱

维生素 B_1 和嘧啶碱都是嘧啶的重要衍生物，在自然界分布很广，且具有特殊的生理活性。维生素 B_1 及核酸中都含有嘧啶结构。

（1）维生素 B_1。

维生素 B_1 是由嘧啶环及噻唑环通过亚甲基连接而成的化合物，因分子中含有硫和胺，因此，维生素 B_1 又称为硫胺。维生素 B_1 主要存在于米糠、瘦肉、花生、黄豆等中，在动物体内参与糖的代谢，当体内缺乏时，可引起食欲不振、多发性神经炎、脚气病等疾病。

维生素 B_1

（2）嘧啶碱。

核酸中含有的胞嘧啶（简称 C）、尿嘧啶（简称 U）和胸腺嘧啶（简称 T）等嘧啶碱，它们都是核酸分子的组成成分，在生命科学中起着重要作用。

胞嘧啶　　　　　　　尿嘧啶　　　　　　　　胸腺嘧啶

5. β-吲哚乙酸

β-吲哚乙酸是吲哚最重要的衍生物，广泛存在于植物幼芽中。在农业上，低浓度的 β-吲哚乙酸常用作植物生长刺激剂，能促使植物插枝生根，并对促进果实的成熟与形成无籽果实有很好的效果。

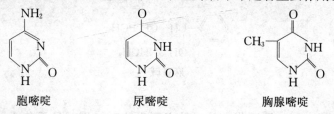

3-吲哚乙酸（β-吲哚乙酸）

6. 腺嘌呤和鸟嘌呤

腺嘌呤和鸟嘌呤是嘌呤的重要衍生物，广泛存在于动、植物体内，并有显著的生理作用。它们也是组成核酸的组成成分。

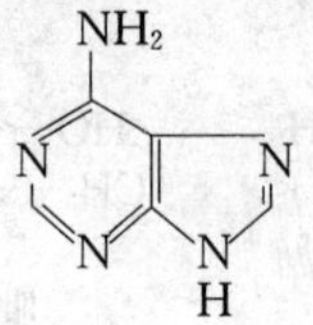

腺嘌呤 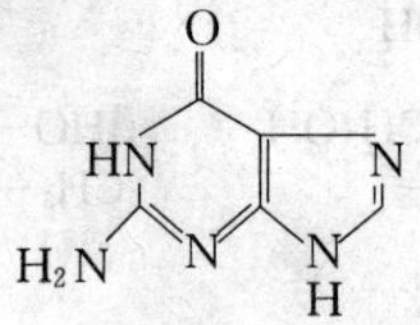　　　　　　　　　　鸟嘌呤

二、生物碱

生物碱是指具有一定生理活性的碱性含氮杂环化合物，由于主要存在于植物中，所以常称为植物碱。目前，已分离出的生物碱达数千种之多，大多数生物碱存在于茄科、罂粟科、毛茛科、夹竹桃科等植物中。在生物体内，生物碱大多与乳酸、苹果酸、琥珀酸、柠檬酸、乙酸、磷酸等结合成盐而存在于植物的不同组织中，也有少数以游离碱、糖苷、酯或酰胺的形式存在。

生物碱一般按来源命名。例如，从麻黄中提取出来的叫麻黄碱，从烟草中提取出来的称烟碱。

大多数生物碱是无色固体，有苦味，难溶于水，能溶于乙醇、丙酮、乙醚和苯等有机溶剂中。生物碱能与许多试剂生成沉淀或发生颜色反应。例如，生物碱与磷钼酸、苦味酸、碘化汞钾和碘化铋钾等发生反应，会有沉淀析出；与甲醛的浓硫酸溶液、高锰酸钾、重铬酸钾的浓硫酸溶液等发生反应，呈现出不同的颜色。

1. 麻黄碱

麻黄碱俗称麻黄素，是从植物麻黄中提取的一种不含杂环的生物碱。麻黄碱为无色结晶，无臭，味苦，遇光易变质，易溶于水、氯仿、乙醇和乙醚等有机溶剂。麻黄碱具有兴奋交感神经、增高血压、扩张支气管的作用，可用来治疗支气管炎和哮喘等疾病。

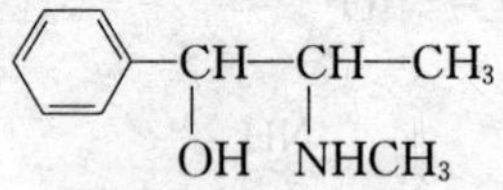

麻黄碱

2. 烟碱

烟碱又名尼古丁，是烟草中的一种主要生物碱。烟碱是无色或淡黄色油状液体，在空气中颜色逐渐加深。烟碱有成瘾性，对植物神经和中枢神经系统有先兴奋后麻痹的作用，它能与一氧化碳发生协同作用，从而增加吸烟者心血管疾病的发病率。在农业上，烟碱可作为杀虫剂，用来杀灭蚜虫、蓟马和木虱等。

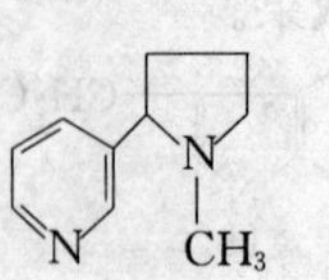

烟碱

3. 茶碱、咖啡碱和可可碱

茶碱、咖啡碱和可可碱属于嘌呤类生物碱，它们存在于可可豆、茶叶以及咖啡中。其中，茶碱是白色结晶状粉末，味苦，无臭，有较强的利尿和松弛平滑肌作用；咖啡碱又名咖啡因，白色针状晶体，无臭，味苦，对中枢神经的兴奋作用较弱，主要用于解救急性感染中毒等引起的呼吸、循环衰竭；可可碱是针状晶体，能抑制肾小管再吸收，有利尿作用，主要用于心脏性水肿病。

咖啡碱　　　　　　　可可碱　　　　　　　茶碱

4. 吗啡碱和可待因

罂粟科植物鸦片中含有 20 余种生物碱，其中含量最高的是吗啡。吗啡是 1803 年被提纯的第一个生物碱，为白色针状晶体，味苦，有毒，遇光易变质，有镇痛、镇静、镇咳、抑制肠蠕动和麻醉中枢神经的作用，因此，它是临床上常用的镇痛药与局部麻醉剂。但吗啡极易成瘾，不易长期连续使用。

可待因与吗啡有同样的生理作用，但成瘾性比吗啡小、镇痛作用仅为吗啡的 1/10；而海洛因的毒性与镇痛作用，则均比吗啡强。

R，R′＝H 　　　　　　吗啡碱
R，R′＝CH₃CO— 　　海洛因
R＝CH₃，R′＝H 　　　可待因

化学与生活

烟草的化学成分极为复杂，主要包括糖类、蛋白质、氨基酸、有机酸和生物碱等。其中，生物碱主要以烟碱（尼古丁）的形式存在。

烟草制品在燃吸过程中发生复杂的化学反应，使烟草的化学成分发生变化，并产生约含 40 000 种物质的烟气。目前，已鉴定出的物质就有 4 000余种，其中被认为最有害的物质是一氧化碳、焦油、烟碱和醛类物质等。

一氧化碳进入人体肺部时，与血液中的血红蛋白结合，从而使血红蛋白失去了与氧结合的能力，减少了心脏所需氧量，使心跳加快，甚至使心脏功能衰竭。当它与尼古丁协同作用时，可危害吸烟者心血管功能。

焦油是威胁人体健康的罪魁祸首，焦油中的多环芳烃是致癌物质，其中苯并［α］芘危害最大，能改变细胞的遗传结构，将人体组织的正常细胞转变为癌细胞。

尼古丁对人体的作用非常复杂。尼古丁有剧毒，少量有兴奋中枢神经、增高血压的作用；大量则会抑制中枢神经，使心脏麻痹以致死亡，更严重的是它能使人成瘾。

此外，烟草中的放射性物质也是导致吸烟者肺癌发病率增加的一个重要因素。放射性物质被吸入肺内，附着在支气管上，会诱发各种癌症。

本章小结

一、烃的衍生物

烃分子中的氢原子被其他原子或原子团所取代，衍生出的一系列新的化合物，称为烃的衍生物。它的性质是由其所含的官能团决定的。

二、几种重要的烃的衍生物

项目 / 类别	官能团	官能团名称	代表物	化学性质
卤代烃	—X（X代表卤素）		C_2H_5—Br 溴乙烷	取代反应 消除反应
醇	—OH	醇羟基	C_2H_5—OH 乙醇	取代反应 氧化反应 脱水反应
酚	—OH	酚羟基	C_6H_5—OH 苯酚	酸性 取代反应 显色反应
醛	$-\overset{\displaystyle O}{\overset{\|}{C}}-H$	醛基	CH_3—CHO 乙醛	还原反应 氧化反应
酮	$\diagup\overset{\displaystyle}{C}=O$	酮基	$CH_3-\overset{\displaystyle O}{\overset{\|}{C}}-CH_3$ 丙酮	还原反应 氧化反应
羧酸	$-\overset{\displaystyle O}{\overset{\|}{C}}-OH$	羧基	CH_3—COOH 乙酸	酸性 酯化反应
胺	—NH_2	胺基	⬡—NH_2 苯胺	与酸反应 取代反应

三、杂环化合物　生物碱

杂环化合物是指构成环的原子除碳原子外，还有氧、硫、氮等其他杂原子的环状有机化合物。

具有一定生理活性的碱性含氮杂环化合物，称为生物碱。

第八章　生命活动的基础物质

◀ **学习目标** ▶

知识目标

1. 了解糖类、脂类和蛋白质的组成、结构和主要性质；
2. 了解糖类、脂类和蛋白质在生物体内的主要功能。

能力目标

通过糖类、脂类和蛋白质主要功能的学习，了解膳食平衡的重要性，学会膳食平衡。

糖类、脂类和蛋白质统称为三大营养物质，它们是广泛存在于生物体内的重要天然有机物。糖类是生物体维持生命活动所需能量的主要来源，糖类、脂类参与组成生物细胞的结构并作为储藏物质；蛋白质是生命现象和生理活动的主要物质基础。因此，它们是维持生命活动不可缺少的物质。本章简要介绍生命中三大营养物质的组成、结构及其性质。

第一节　糖　　类

糖类是自然界里存在最多的一类有机化合物，广泛分布在动物、植物和微生物中。常见的糖类化合物有葡萄糖、果糖、蔗糖、淀粉、纤维素等，它们都是植物光合作用的产物，在植物中的含量可达干重的 80%。糖类是大多数生物体维持生命活动所需能量的主要来源。

一、糖类的组成与分类

1. 糖类的组成

从元素组成上看，糖类是由碳、氢、氧三种元素组成，而且由于最初发现的糖类分子中氢与氧原子个数之比为 2:1，恰好与水分子氢、氧原子个数比相同，常用通式 $C_n(H_2O)_m$ 来表示糖类的分子组成，并将糖类称为"碳的水合物"或碳水化合物。但是，随着科学的发展，人们发现有些化合物分子中氢氧原子个数之比虽不是 2:1，但在结构和性质上又都属于糖类，例如，鼠李糖（$C_6H_{12}O_5$）、2-脱氧核糖（$C_5H_{10}O_4$）等；而有些化合物分子中氢氧原子个数之比虽为 2:1，但在结构和性质上都不属于糖类，例如乙酸（$C_2H_4O_2$）、乳酸（$C_3H_6O_3$）等。所以，用"碳水化合物"这一名称描述糖类并不十分确切，只是沿用已久，至今仍在使用。

从分子结构和性质上看，糖类是多羟基醛或多羟基酮以及水解后生成多羟基醛或多羟基酮的一类化合物。

2. 糖类的分类

根据能否水解及水解生成的产物，糖类可以分为单糖、低聚糖和多糖，见表 8-1。

表 8-1 糖的分类

分 类	概 念	示 例
单糖	不能再水解的多羟基醛或多羟基酮	葡萄糖、果糖、核糖等
低聚糖（寡糖）	由 2~10 个单糖分子缩合而成的化合物，能水解生成单糖。按照水解后生成单糖的数目，可分为二糖、三糖等	二糖：蔗糖和麦芽糖等 三糖：棉籽糖等
多糖	由许多个单糖分子脱水缩合而成的高分子化合物，能水解生成许多个单糖分子	淀粉、纤维素等

二、单糖

单糖是不能水解的多羟基醛或多羟基酮，是糖类化合物中最简单的一类。根据分子中所含羰基官能团的不同，单糖可分为醛糖和酮糖，前者为多羟基醛，如葡萄糖；后者为多羟基酮，如果糖。根据分子中所含碳原子的个数不同，单糖又可分为丙糖、丁糖、戊糖和己糖等。存在于自然界中的单糖大多是含有 5 个碳原子的戊糖（如核糖、脱氧核糖）和 6 个碳原子的己糖。对人体来说，最重要的己糖是葡萄糖。葡萄糖、果糖是最常见的、也是最重要的单糖。

下面是几个简单的糖类物质分子的链状结构：

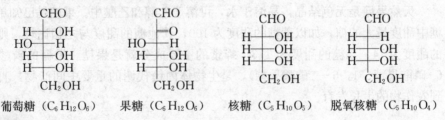

葡萄糖（$C_6H_{12}O_6$）　果糖（$C_6H_{12}O_6$）　核糖（$C_5H_{10}O_5$）　脱氧核糖（$C_5H_{10}O_4$）

知识拓展

単糖分子除了链状结构外，在生物体内主要以环状结构存在。根据半缩醛（酮）碳上的羟基所处的位置不同，单糖的环状结构分为 α 型和 β 型，半缩醛羟基与决定单糖构型的羟基（C5 上的羟基）在碳链同侧的称 α 型，在异侧的称 β 型。当以五元环存在时，与呋喃相似，故称为呋喃糖；若以六元环存在时，与吡喃相似，称为吡喃糖。单糖的环状结构一般用哈沃斯透视式表示。常见单糖的环状透视式如下：

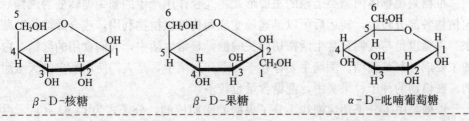

β-D-核糖　　　　　β-D-果糖　　　　　α-D-吡喃葡萄糖

葡萄糖的分子式为 $C_6H_{12}O_6$，无色晶体，有甜味，易溶于水，稍溶于乙醇。葡萄糖是单糖的一种，也是自然界分布最广的糖，广泛存在于生物体内。植物通过光合作用合成葡萄糖并以多糖的形式贮存于种子、根和茎中，在成熟的葡萄和甜味果实的液汁中，葡萄糖含量较为丰富。在人体与动物组织中也含有葡萄糖，存在于血液中的葡萄糖，称为血糖。葡萄糖是动物的主要能源之一，人体的某些组织和器官（如大脑、红细胞等）主要以葡萄糖为能源。因此，葡萄糖对这些组织有特殊的意义。

此外，葡萄糖在医药上用作营养剂，并有强心、利尿和解毒等作用；在食品工业，葡萄糖可用来制作糖浆、糖果等。

做中学	在 1 支盛有 3 mL 银氨溶液的试管中，加入 2 mL 10％葡萄糖溶液，振荡试管，再水浴加热，观察现象。在另 1 支盛有 2 mL 10％ NaOH 溶液的试管中，滴入 4～8 滴 5％$CuSO_4$ 溶液，振荡，然后加入 10％葡萄糖溶液 2 mL，加热，观察实验现象。
	（1）在第 1 支试管中，可以看到有＿＿＿色的＿＿＿生成； （2）在第 2 支试管中，可以看到有＿＿＿色的＿＿＿生成。

通过实验，可以看出，葡萄糖与乙醛相似，能与银氨溶液和新制的氢氧化铜发生反应，说明分子中含有醛基，具有还原性。因此，葡萄糖又称为还原糖。在医学上，也常用这一方法来检验尿糖。

天然果糖是无色结晶，易溶于水，可溶于乙醇和乙醚中。果糖是已知单糖和二糖中甜度最大的糖，如以蔗糖的甜度为 100，其他糖的甜度与之相比较，则葡萄糖的甜度为 74、果糖的甜度为 173。蜂蜜的主要成分就是果糖。果糖的磷酸酯（如 6-磷酸果糖、1，6-二磷酸果糖），是生物体内糖代谢的重要中间产物，直接影响到农作物的生长发育。

三、二糖

二糖又称双糖，是常见的、重要的低聚糖类化合物，在酸性条件下会发生水解生成两分子单糖。双糖按性质可分两类，一类具有还原性称为还原双糖，如麦芽糖等；另一类没有还原性，称为非还原双糖，如蔗糖。双糖中常见的是蔗糖、麦芽糖和乳糖。

1. 蔗糖

蔗糖是植物体内糖类运输的主要形式，光合作用产生的葡萄糖转变为蔗糖后再向植物各部分转运，转运后可以迅速地变成葡萄糖供植物利用，或合成淀粉贮藏起来。蔗糖也是与人们日常生活密切相关的糖，日常生活中，人们食用的红糖、白糖的主要成分都是蔗糖。蔗糖主要存在于甘蔗和甜菜中，是人们使用最多的天然甜味剂。在植物的种子、果实中，蔗糖含量也较多。

蔗糖是由 1 分子葡萄糖和 1 分子果糖缩水而成的，分子式为 $C_{12}H_{22}O_{11}$，白色晶体，易溶于水，有甜味。其结构式为：

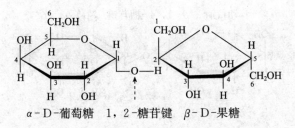

α-D-葡萄糖 1，2-糖苷键 β-D-果糖

蔗糖不具有还原性。但在弱酸或酶的作用下，蔗糖可水解生成的葡萄糖和果糖都具有还原性，因此，蔗糖是非还原糖。

$$C_{12}H_{22}O_{11}+H_2O \xrightarrow{\text{酸或酶}} C_6H_{12}O_6+C_6H_{12}O_6$$
蔗糖 葡萄糖 果糖

2. 麦芽糖

麦芽糖大量存在于大麦、荞麦和马铃薯的芽中，特别是麦芽中，故因此得名。麦芽糖是饴糖的主要成分，可用作营养剂和某些细菌的培养基等。

麦芽糖是由2分子的葡萄糖脱水缩合而成的，分子式为$C_{12}H_{22}O_{11}$，白色粉末，易溶于水，甜度约为蔗糖的40%。其结构式为：

麦芽糖具有还原性，能与银氨溶液和新制的氢氧化铜发生反应，是还原双糖。在稀酸或酶的作用下，麦芽糖可水解生成2分子的葡萄糖。

$$C_{12}H_{22}O_{11}+H_2O \xrightarrow{\text{酸或酶}} 2C_6H_{12}O_6$$
麦芽糖 葡萄糖

学中做	用化学方法鉴别葡萄糖和蔗糖。

3. 乳糖

乳糖存在于哺乳动物的乳汁中，人乳中含乳糖5%～8%，牛奶中含乳糖4%～5%。乳糖有甜味，甜度约为蔗糖的70%。在食品及医药行业，乳糖应用广泛。

乳糖是由1分子葡萄糖与1分子半乳糖缩合而成的，分子式为$C_{12}H_{22}O_{11}$，是还原性糖。其结构式为：

$$\beta-1，4-糖苷键$$

四、多糖

多糖是一种复杂的天然高分子有机化合物，是由 10 个以上单糖分子缩合而成的糖类，相对分子质量高达几万或几十万。多糖广泛存在于动植物体中，其中最重要的多糖是淀粉、纤维素和糖原等。

此外，多糖还可以与其他物质结合形成具有重要生理功能的物质，例如，动物体中的糖蛋白和糖脂等都具有重要的生理功能。

1. 淀粉

淀粉广泛分布于自然界，是绿色植物进行光合作用的贮存产物，特别是在植物的种子、根、块茎及果实内储存甚多。例如，大米中约含淀粉 80%、玉米中约含50%、马铃薯中约含 20%，许多水果中也含有淀粉。

淀粉是由许多个葡萄糖脱水缩合而成的高分子有机化合物，分子式为 $(C_6H_{10}O_5)_n$，白色无定形粉末，无甜味。按其结构特点，淀粉可分为直链淀粉和支链淀粉，其中，直链淀粉并不是线型分子，而是成螺旋形的结构；支链淀粉有许多分支，大约每相隔 20 个葡萄糖单元就有一个分支。直链淀粉和支链淀粉的结构，如图 8-1、图 8-2 所示。

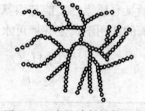

图 8-1　直链淀粉结构示意　　　图 8-2　支链淀粉结构示意

直链淀粉易溶于热水，支链淀粉与热水作用生成糨糊。直链淀粉难溶于醇类而支链淀粉可在醇中溶解，用此法可将两者分离。直链淀粉和支链淀粉的性质比较见表 8-2。

表 8-2　直链淀粉与支链淀粉的性质比较

类　别	溶解性	还原性	与碘作用	水解性
直链淀粉	溶于热水形成胶体溶液	没有	呈深蓝色	在酸、淀粉酶和麦芽糖酶的催化作用下，经一系列过程，最终水解成葡萄糖
支链淀粉	不溶于水，与水共热时，膨胀成糊状	没有	呈紫红色	在酸或淀粉酶作用下水解，经一系列过程，最终水解成葡萄糖

做中学	在 1 支试管里加入少量新制的淀粉溶液，滴入几滴稀碘液，观察实验现象。 在马铃薯上滴加 1～2 滴碘酒，观察现象。
	(1) 在试管中，可以看到溶液呈_____色； (2) 在马铃薯上，可以看到滴加碘酒的地方，呈_____色。

淀粉可与碘发生特性反应，常用此法检验淀粉，或用淀粉检验碘的存在。

在稀酸或酶的作用下，淀粉易发生水解，最终产物是葡萄糖。

$$淀粉 \longrightarrow 糊精 \longrightarrow 麦芽糖 \longrightarrow 葡萄糖$$

淀粉的水解对动植物的生长发育和酿造工业都有着重要的意义，水解产生的中间产物糊精可用作黏合剂，以及纸张、布匹的上胶剂等。

学中做	下列化合物中，既能水解，又具有还原性的是（ ）。 A. 淀粉 B. 蔗糖 C. 麦芽糖 D. 葡萄糖

知识拓展

1891 年，Villiers 从芽孢杆菌属淀粉杆菌的淀粉消化液中分离出一种未知物质，并确定其分子组成为 $(C_6H_{10}O_5)_2 \cdot 3H_2O$，这就是最初发现的环糊精（简称 CD），当时人们称它为"木粉"。直到 1971 年，首个开展环糊精应用研究的生物化学实验室成立，环糊精才步入工业应用时期。之后，为了满足工业应用的需要，开展了环糊精包合技术等方面的研究。例如，在医药工业上，β-环糊精作为新型药用辅料，可用于掩盖药物的异味和臭味、增加药物的稳定性、防止药物氧化与分解、提高药物的生物利用度、降低药物的毒性和副作用等；在食品工业上，可用于消除异味和异臭，改善食品的口感，提高香料、香精及色素的稳定性，增强乳化能力等。

知识拓展

糖原又称动物淀粉，是存在于动物体内的多糖，主要存在于动物的肌肉和肝脏内。通常，把存在于肝脏内的糖原称为肝糖原，存在于肌肉中的糖原称为肌糖原。糖原是由多个葡萄糖分子结合成的，结构与支链淀粉相似，但其分支比支链淀粉更多更短，因此，糖原分子结构比较紧密。

在动物体内，糖原的功能是调节血液中的含糖量。当血液中的含糖量低于常态时，糖原就转化为葡萄糖；当血液中的含糖量高于常态时，葡萄糖又会转化为糖原。在动物体内，糖原在酶的催化下合成和分解，对于稳定血糖的浓度具有重要意义。

2. 纤维素

纤维素是自然界存在最广的多糖，它是构成植物细胞壁和支撑组织的重要成分，在植物体内起支撑作用。不同植物中纤维素的含量不同，棉花是含纤维素最高的物质，含量达 98%，木材中含 40%～50%，作物秸秆含 34%～36%。在谷类、豆类和种子的外皮以及蔬菜、水果中，纤维素也广泛存在。图 8-3 显示了纤维素在生物体内的地位与作用。

图 8-3　纤维素在生物体内的地位与作用

纤维素是由许多 β-D-葡萄糖分子脱水缩合而成的化合物，分子式为 $(C_6H_{10}O_5)_m$，白色纤维状固体，不溶于水，也不溶于有机溶剂。不同来源的纤维素，其相对分子质量不同。其结构式为：

β-1，4-糖苷键

纤维素的性质比较稳定，但是，在酸催化条件下，纤维素可加热水解生成纤维二糖，最终生成葡萄糖，只是在人体内没有水解纤维素的酶，因此，纤维素不能作为人的营养物质。而某些食草动物可以使纤维素水解，并且在体内微生物的作用下使纤维素变为小分子的羧酸而被吸收，所以，纤维素可以作为这些动物的营养物质。

第二节　脂　类

脂类广泛存在于生物体中，包括油脂和类脂化合物（磷脂、蜡酯、甾类化合物）。这些物质在化学成分和结构上有很大的差别，但在物理性质上与油脂相似，它们在生物体内具有重要的生理功能，也是维持生命活动不可缺少的物质。

一、油脂

油脂广泛存在于动物脂肪组织和植物的种子中，如猪油、牛油、豆油、花生油、桐油、芝麻油等，它们是生物体内主要的能源物质之一。通常，把常温下呈液态称为油，呈固态的称为脂肪，所以，油脂是油和脂肪的总称。

1. 油脂的组成和结构

油脂是一分子甘油和三分子高级脂肪酸结合而成的甘油酯，其结构式为：

$$
\begin{array}{l}
CH_2-O-\overset{\displaystyle O}{\overset{\displaystyle \|}{C}}-R_1 \\
CH-O-\overset{\displaystyle O}{\overset{\displaystyle \|}{C}}-R_2 \\
CH_2-O-\overset{\displaystyle O}{\overset{\displaystyle \|}{C}}-R_3
\end{array}
$$

式中的 R_1、R_2、R_3 代表高级脂肪酸的烃基，它们可以相同，也可以不同。如果 R_1、R_2、R_3 相同，则为简单甘油酯；若 R_1、R_2、R_3 不同，则称为混合甘油酯。

组成甘油酯的高级脂肪酸的种类很多，其中绝大多数是含偶数碳原子的脂肪酸，既有饱和脂肪酸，也有不饱和脂肪酸。在饱和脂肪酸中，以软脂酸和硬脂酸分布最广；在不饱和脂肪酸中，以油酸、亚麻酸和亚油酸最为常见。油脂中常见的高级脂肪酸见表8-3。

表8-3 油脂中常见的高级脂肪酸

类 别	俗 名	系统命名	结构简式
饱和脂肪酸	月桂酸	十二酸	$CH_3(CH_2)_{10}COOH$
	软脂酸	十六酸	$CH_3(CH_2)_{14}COOH$
	硬脂酸	十八酸	$CH_3(CH_2)_{16}COOH$
不饱和脂肪酸	油酸	9-十八碳烯酸	$CH_3(CH_2)_7CH=CH(CH_2)_7COOH$
	亚油酸	9，12-十八碳二烯酸	$CH_3(CH_2)_4CH=CHCH_2CH=CH(CH_2)_7COOH$
	亚麻酸	9，12，15-十八碳三烯酸	$CH_3(CH_2CH=CH)_3(CH_2)_7COOH$
	蓖麻油酸	12-羟基-9-十八碳烯酸	$CH_3(CH_2)_5CH(OH)CH_2CH=CH(CH_2)_7COOH$
	桐油酸	9，11，13-十八碳三烯酸	$CH_3(CH_2)_3(CH=CH)_3(CH_2)_7COOH$
	花生四烯酸	5，8，11，14-二十碳四烯酸	$CH_3(CH_2)_4(CH=CHCH_2)_4(CH_2)_2COOH$

在上述脂肪酸中，一些长链的不饱和脂肪酸是人和哺乳动物机体所必需的，但自身又不能合成，必须从食物中摄取的，这类脂肪酸称为**必需脂肪酸**。例如，亚油酸、亚麻酸等。

化学与生活

鱼油的主要成分是二十碳五烯酸（EPA）和二十二碳六烯酸（DHA），广泛存在于海鱼和其他海洋生物中。EPA、DHA是人体不可缺少的营养素，EPA具有清理血栓、预防和改善心脑血管疾病的作用，而DHA对大脑细胞的正常发育、增强记忆、促进大脑思维等起着重要作用。

一些常见油脂的性能及其高级脂肪酸的含量，见表8-4。

表8-4 一些常见油脂的性能及其高级脂肪酸的含量

名 称	皂化值	碘 值	软脂酸/%	硬脂酸/%	油酸/%	亚油酸/%	其他/%
猪 油	193~200	46~66	28~30	12~18	41~48	6~7	
大豆油	185~194	124~136	6~10	2~4	21~29	50~59	
花生油	181~195	93~98	6~9	4~6	50~70	13~26	
亚麻油	189~196	107~204	4~7	2~5	9~38	3~43	亚麻油酸 25~58

2. 油脂的性质

纯净的油脂是无色、无味、无臭的物质，天然油脂常因含有杂质而呈现不同的颜色，并具有不同的气味。油脂比水轻，不溶于水，易溶于乙醚、汽油、苯、四氯化碳等有机溶剂中。油脂是混合物，没有恒定的熔点和沸点，但都有一定的熔点范围，例如，猪油为 $36~46\ ℃$，花生油为 $28~32\ ℃$。

油脂是酯类化合物，能发生水解反应，而不饱和烃基中的 $C=C$ 可以发生与烯烃相似的化学性质。

（1）水解反应。

在酸、碱或酶的作用下，油脂可发生水解反应。油脂在酸的作用下，水解生成甘油和高级脂肪酸，该反应为可逆反应。

$$
\begin{array}{ccc}
CH_2-O-\overset{\overset{O}{\|}}{C}-R_1 & CH_2-OH & R_1COOH \\
CH-O-\overset{\overset{O}{\|}}{C}-R_2 +3H_2O \underset{}{\overset{H^+}{\rightleftharpoons}} & CH-OH & + \quad R_2COOH \\
CH_2-O-\overset{\overset{O}{\|}}{C}-R_3 & CH_2-OH & R_3COOH \\
\text{油脂} & \text{甘油} & \text{脂肪酸}
\end{array}
$$

在碱性条件下，油脂水解生成甘油和高级脂肪酸盐。因高级脂肪酸的钠盐俗称肥皂，所以，油脂的碱性水解反应常被称为**皂化反应**。

$$
\begin{array}{ccc}
CH_2-O-\overset{\overset{O}{\|}}{C}-R_1 & CH_2-OH & R_1COONa \\
CH-O-\overset{\overset{O}{\|}}{C}-R_2 +3NaOH \overset{\triangle}{\longrightarrow} & CH-OH & + \quad R_2COONa \\
CH_2-O-\overset{\overset{O}{\|}}{C}-R_3 & CH_2-OH & R_3COONa \\
\text{油脂} & \text{甘油} & \text{脂肪酸钠}
\end{array}
$$

通常，使1g油脂完全皂化所需 KOH 的质量（单位：mg）称为油脂的皂化值。各种油脂都有一定的皂化值，利用其皂化值的大小，可以计算出该油脂的平均相对分子质量：

$$平均相对分子质量 = (3×56×1\,000) ÷ 皂化值$$

皂化值是检验油脂质量的重要常数之一。不纯的油脂因含有不能皂化的杂质，皂化值较低。

化学与生活

　　肥皂是人们日常生活的必需品之一。日常使用的肥皂含有70％的高级脂肪酸钠、30％的水以及为增加泡沫而加入的松香酸钠等，有些肥皂中还添加了少量香料、染料和填充剂等。

　　肥皂能够去油污是由高级脂肪酸钠的分子结构所决定的。在高级脂肪酸钠分子中，含有非极性的链状烃基（R—）和极性的—COONa 或—COO—基团，前者易溶于油脂等有机物而难溶于水，后者易溶于水而难溶于油脂等有机物。

　　当肥皂与油污相遇时，极性的一端溶于水中，而非极性的一端则溶于油污中，经过摩擦、搓洗、振动，油污就脱离被洗涤的纤维织物而分散到水中，从而到达到洗涤去污的目的。图8-4为肥皂的去污示意。

 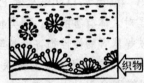 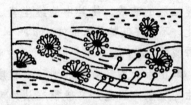

图8-4 肥皂的去污示意

　　（2）加成反应。

　　含不饱和高级脂肪酸的油脂，在 Ni 的催化作用下，可以与氢气发生加成反应，生成饱和脂肪酸的油脂，这种作用称为油脂的氢化或硬化。

三油酸甘油酯 $+3H_2 \xrightarrow[250\,℃]{Ni}$ 三硬脂酸甘油酯

　　利用油脂的氢化反应，将植物油转变为硬化油（人造脂肪），后者性质稳定，不易变质，便于贮存和运输，可用于制造肥皂、人造奶油等。

　　油脂中的不饱和脂肪酸可以与碘发生加成反应，根据消耗碘的量，可以用来判断油脂中脂肪酸的不饱和程度。通常规定，100 g 油脂与碘加成时所需碘的克数称为油脂的碘值。碘值越大，表明油脂中脂肪酸的不饱和程度也越大。

　　碘值是判断油脂不饱和程度的重要参数，也是油脂分析的重要指标。

　　（3）油脂的酸败。

　　油脂在空气中暴露时间过久或贮藏不当，会受到空气中的氧、水分和微生物等的作用，发生一系列的氧化、水解反应，逐渐产生一种难闻的气味，这种现象称为油脂的酸败。油脂的酸败，使油脂的营养价值下降。

一般来说，油脂的不饱和程度越大，酸败过程就越快。油脂酸败后，油脂中游离脂肪酸就增多。

油脂中游离脂肪酸的含量常用酸值来表示。通常把中和 1 g 油脂中的游离脂肪酸所需的 KOH（单位：mg），称为油脂的酸值。酸值低的油脂，品质较好。一般，酸值大于 6 的油脂就不宜食用了。

因此，为了防止油脂的酸败，油脂在贮存时应避光、密封，也可在油脂中加入一些抗氧化剂，例如维生素 E、芝麻酚等，以延缓油脂的酸败。

化学与生活

食用油放在炉灶旁会容易变质，这是因为炉灶旁的温度通常很高，在高温下，油脂的氧化反应加快，容易产生酸败现象；同时，炉火产生的强光也会加速油脂的酸败，使其中的维生素 A、维生素 D 和维生素 E 都受到不同程度的氧化，不仅降低其营养价值，也产生了对人体有害的醛、酮类物质。如果长期食用这种酸败油脂，容易引起肝、肾、皮肤等器官的慢性损害，甚至导致癌症。

由于油脂只有酸败到一定程度时，才会出现颜色变深、沉淀增多、油液混浊等现象，因此，一般很难从外观辨别食用油是否变质。因此，专家建议，为避免油脂酸败的潜在危害，应采取低温、避光、精选容器等储存方法。

（4）干化作用。

有些植物油（如亚麻油、桐油），在空气中放置能形成一层干燥且富有弹性的薄膜，这种现象称为油脂的干化作用或干性作用。油脂的干化作用是一个复杂的过程，在干性油中加入颜料等物质，就可制成油漆。

油脂的干化性能与其不饱和程度有关，即与碘值有关，通常按碘值的大小将油脂分为三类：碘值＞130 的为干性油，如桐油；碘值＜100 的为非干性油，如花生油；碘值在 100～130 的为半干性油，如棉籽油。

二、类脂

类脂是指广泛分布在动植物中，结构上与油脂相似的天然化合物，主要包括磷脂、糖脂、蜡和甾体化合物等。其中，磷脂是分子中含有磷酸基团的复合脂，广泛存在于动物的心、脑、肾、肝、骨髓、禽蛋的卵黄、植物的种子以及微生物中。

根据其组成不同，磷脂可分为甘油磷脂和鞘氨醇磷脂。其中，甘油磷脂的母体结构是磷脂酸，即甘油分子中的三个羟基有两个与高级脂肪酸形成酯，另一个与磷酸形成酯。其结构式为：

L-α-磷脂酸

在甘油磷脂中，最重要的有卵磷脂和脑磷脂。其结构式为：

$$
\begin{array}{c}
\quad\quad\quad\quad O \\
\quad\quad\quad\quad \| \\
CH_2-O-C-R_1 \\
O\quad\quad\quad | \\
\|\quad\quad\quad\quad O \\
R_2-C-O-CH\quad\quad \| \\
\quad\quad\quad | \\
CH_2-O-P-O-CH_2-CH_2-N^+(CH_3)_3OH^- \\
\quad\quad\quad\quad | \\
\quad\quad\quad\quad OH
\end{array}
$$

卵磷脂

$$
\begin{array}{c}
\quad\quad\quad\quad O \\
\quad\quad\quad\quad \| \\
CH_2-O-C-R_1 \\
O\quad\quad\quad | \\
\|\quad\quad\quad\quad O \\
R_2-C-O-CH\quad\quad \| \\
\quad\quad\quad | \\
CH_2-O-P-O-CH_2-CH_2-NH_2 \\
\quad\quad\quad\quad | \\
\quad\quad\quad\quad OH
\end{array}
$$

脑磷脂

从结构式可以看出，卵磷脂和脑磷脂的分子中既含有亲水基团也含有疏水基团，因此它们是良好的乳化剂，在生物体内能使油脂乳化，从而有助于油脂的输送、消化和吸收；在细胞膜中也起着重要的生理作用。

> 卵磷脂广泛分布于动物体的脑、精液、红细胞、肾上腺等组织中，在卵黄中的含量高达 $8\%\sim10\%$。它是生物膜的主要成分之一，可控制动物体内的肝脂代谢，防止脂肪肝的形成。卵磷脂在食品和医药工业上有许多用途。
>
> 脑磷脂是动植物体中含量最丰富的磷脂，具有辅助凝血作用，也是凝血酸激活酶的辅助因子。

第三节　蛋　白　质

蛋白质是生命活动的物质基础，一切生命现象和生理活动都离不开蛋白质。蛋白质存在于一切生物体中，是生物体组织中的组成成分。动物的肌肉、血液、乳、神经、毛、角、蹄等主要是由蛋白质构成的；植物体的叶绿素、根茎、种子和果实等也含有一定的蛋白质；生物体内起调节作用的一些激素，以及致病的病毒和防病免疫的抗体等也都是蛋白质。可以说，没有蛋白质就没有生命。

所有的蛋白质都含有碳、氢、氧、氮 4 种元素，有些蛋白质还含有硫、磷、铜、锌、铁、锰和碘等元素。其中，氮元素是蛋白质的特征元素，且各种蛋白质的含氮量都比较接近，一般为 $15\%\sim17\%$，平均为 16%，即每克氮相当于 6.25 g 蛋白质。

蛋白质含量≈样品含氮量×6.25

各种不同来源的蛋白质，在催化剂的作用下，水解的最终产物都是氨基酸。因此，氨基酸是组成蛋白质分子的基本单位。

化学与生活

三聚氰胺简称三胺，俗称"蛋白精"，系三嗪类含氮杂环化合物，分子式为 $C_3N_6H_6$，是一种用途广泛的有机化工中间产品，对身体有害，不可用于食品加工。

与蛋白质含氮量相比，三聚氰胺的含氮量高出许多，达 66％（质量分数）左右，因此，常被不法商人利用，他们为了提高食品或饲料中蛋白质的含量，将三聚氰胺掺杂在食品或饲料中。由于三聚氰胺是白色、无味的结晶粉末，所以掺杂后难以被发现。三聚氰胺进入人体后水解生成三聚氰酸，三聚氰酸又与三聚氰胺作用形成了大的网状结构的物质，容易造成结石。

一、氨基酸

组成蛋白质的氨基酸大约有 20 余种，除脯氨酸外，其余均为 α-氨基酸，即羧酸分子中 α-碳原子上的氢原子被氨基（—NH_2）取代后生成的一类化合物，其结构通式为：

$$\overset{\overset{\displaystyle H}{|}}{\underset{\underset{\displaystyle NH_2}{|}}{R-C}}-COOH \qquad H_2N-\overset{\overset{\displaystyle H}{|}}{\underset{\underset{\displaystyle R}{|}}{C}}-R$$

α-碳原子

1. 氨基酸的分类和命名

组成蛋白质的氨基酸，按其结构不同可分为脂肪族氨基酸、芳香族氨基酸和杂环族氨基酸；根据分子中所含氨基和羧基的数目，又可分为近中性氨基酸（一氨基一羧基氨基酸）、酸性氨基酸（一氨基二羧基氨基酸）、碱性氨基酸（二氨基一羧基氨基酸）等。

天然氨基酸多按其来源或性质命名。例如，天门冬氨酸最初是从天门冬的幼苗中发现的；甘氨酸是因其有甜味而得名。

蛋白质中常见氨基酸的分类见表 8-5。

表 8-5 常见氨基酸的分类

分 类		俗 名	简称	缩写	结 构 简 式
脂肪族氨基酸	一氨基一羧基酸	甘氨酸	甘	Gly	CH_2-COOH $\quad\mid$ $\quad NH_2$
		丙氨酸	丙	Ala	$CH_3-CH-COOH$ $\qquad\mid$ $\qquad NH_2$
		△缬氨酸	缬	Val	$CH_3-CH-CH-COOH$ $\quad CH_3\ \ NH_2$
		△亮氨酸	亮	Leu	$CH_3-CH-CH_2-CH-COOH$ $\qquad\mid\qquad\qquad\mid$ $\qquad CH_3\qquad\quad NH_2$

（续）

分　类	俗　名	简称	缩写	结　构　简　式
脂肪族氨基酸 一氨基一羧基酸	△异亮氨酸	异亮	Ile	$CH_3-CH_2-\underset{\underset{CH_3}{\mid}}{CH}-\underset{\underset{NH_2}{\mid}}{CH}-COOH$
	丝氨酸	丝	Ser	$HO-CH_2-\underset{\underset{NH_2}{\mid}}{CH}-COOH$
	△苏氨酸	苏	Thr	$CH_3-\underset{\underset{OH}{\mid}}{CH}-\underset{\underset{NH_2}{\mid}}{CH}-COOH$
一氨基二羧基酸	天门冬氨酸	天门冬	Asp	$HOOC-CH_2-\underset{\underset{NH_2}{\mid}}{CH}-COOH$
	谷氨酸	谷	Glu	$HOOC-CH_2-CH_2-\underset{\underset{NH_2}{\mid}}{CH}-COOH$
二氨基一羧基酸	精氨酸	精	Arg	$H_2N-\underset{\underset{NH}{\parallel}}{C}-NH-CH_2-CH_2-CH_2-\underset{\underset{NH_2}{\mid}}{CH}-COOH$
	△赖氨酸	赖	Lys	$H_2N-CH_2-CH_2-CH_2-CH_2-\underset{\underset{NH_2}{\mid}}{CH}-COOH$
含硫氨基酸	△蛋氨酸	蛋	Met	$CH_3-S-CH_2-CH_2-\underset{\underset{NH_2}{\mid}}{CH}-COOH$
	半胱氨酸	半胱	Cys	$HS-CH_2-\underset{\underset{NH_2}{\mid}}{CH}-COOH$
酰胺型氨基酸	天冬酰胺	天酰	Asn	$\underset{\underset{O}{\parallel}}{C}(H_2N-)-CH_2-\underset{\underset{NH_2}{\mid}}{CH}-COOH$
	谷氨酰胺	谷酰	Gln	$\underset{\underset{O}{\parallel}}{C}(H_2N-)-CH_2-CH_2-\underset{\underset{NH_2}{\mid}}{CH}-COOH$
芳香族氨基酸	△苯丙氨酸	苯丙	Phe	苯基$-CH_2-\underset{\underset{NH_2}{\mid}}{CH}-COOH$
	酪氨酸	酪	Tyr	$HO-$苯基$-CH_2-\underset{\underset{NH_2}{\mid}}{CH}-COOH$
杂环族氨基酸	组氨酸	组	His	咪唑基$-CH_2-\underset{\underset{NH_2}{\mid}}{CH}-COOH$
	△色氨酸	色	Trp	吲哚基$-CH_2-\underset{\underset{NH_2}{\mid}}{CH}-COOH$
	脯氨酸	脯	Pro	吡咯烷基$-COOH$

在上述氨基酸中，赖氨酸、色氨酸、异亮氨酸、苯丙氨酸、苏氨酸、蛋氨酸、缬氨酸、亮氨酸等8种氨基酸（表8-5中带△的）是动物体内一般不能自己合成，必须从食物中摄取的，这些氨基酸称为**必需氨基酸**。精氨酸和组氨酸在动物体内虽能合成，但合成量很少，不能满足动物正常生长和发育的需求，也需从外源补充，所以也常归于必需氨基酸中。当食物中缺乏这些氨基酸时，动物的生长和发育就会受到影响。

化学与生活

味精是人所共知的调味品，其化学名称是谷氨酸钠（又称麸氨酸钠），是谷氨酸的钠盐。谷氨酸，是人体所需要的一种氨基酸，96%能被人体吸收，形成人体组织中的蛋白质。据研究，少量的味精可以增进人们的食欲，提高人体对各种食物的吸收能力，对人体也有一定的滋补作用。

2. 氨基酸的性质

α-氨基酸都是无色晶体，熔点高，易溶于水，难溶于有机溶剂，具有以下化学通性：

（1）两性性质。

氨基酸分子中既含有碱性的氨基，又含有酸性的羧基，因此，氨基酸既能跟酸作用又能跟碱作用，生成相应的盐，表现出两性性质。

$$R\underset{\underset{NH_2}{|}}{-CH}-COOH + NaOH \longrightarrow R\underset{\underset{NH_2}{|}}{-CH}-COONa + H_2O$$

$$R\underset{\underset{NH_2}{|}}{-CH}-COOH + HCl \longrightarrow R\underset{\underset{NH_3^+Cl^-}{|}}{-CH}-COOH$$

知识拓展

氨基酸溶于水时，在水溶液中可建立如下平衡：

$$R\underset{\underset{NH_2}{|}}{-CH}-COOH$$

$$R\underset{\underset{NH_2}{|}}{-CH}-COO^- \underset{OH^-}{\overset{H^+}{\rightleftharpoons}} R\underset{\underset{NH_3^+}{|}}{-CH}-COO^- \underset{OH^-}{\overset{H^+}{\rightleftharpoons}} R\underset{\underset{NH_3^+}{|}}{-CH}-COOH$$

阴离子　　　　　　　　偶极离子　　　　　　阳离子

从反应式可以看出，在不同pH溶液中，氨基酸能以阴离子、阳离子和两性离子等三种不同的形式存在。向平衡体系中加酸时，平衡向右移动，氨基酸以阳离子形式存在，在电场中向阴极移动；加碱时，平衡向左移动，氨基酸以阴离子形式存在，在电场中向阳极移动。当调节溶液的酸碱度至一定数值时，氨基酸则以偶极离子形式存在，其所带正、负电荷相等，在电场中既不向阴极移动，也不向阳极移动，此时溶液的pH称为该氨基酸的等电点，以pI表示，这时，氨基酸的溶解度最小，容易沉淀析出。

各种氨基酸都有其特定的等电点。通常，中性氨基酸的等电点为 5～6.3，酸性氨基酸的等电点为 2.8～3.2，碱性氨基酸的等电点为 7.6～10.8。

（2）与水合茚三酮反应。

做中学	在 1 支试管中加入 1 mL 1‰甘氨酸溶液，再滴入 2～3 滴水合茚三酮溶液，水浴加热，观察现象。
	可以看到，试管中溶液呈_____色。

α-氨基酸（脯氨酸、羟脯氨酸除外）与茚三酮的水溶液共热，能生成蓝紫色的物质。该颜色反应是 α-氨基酸的特有反应，非常灵敏，是鉴别 α-氨基酸最迅速、最简便的方法，也可用于氨基酸的定量测定。

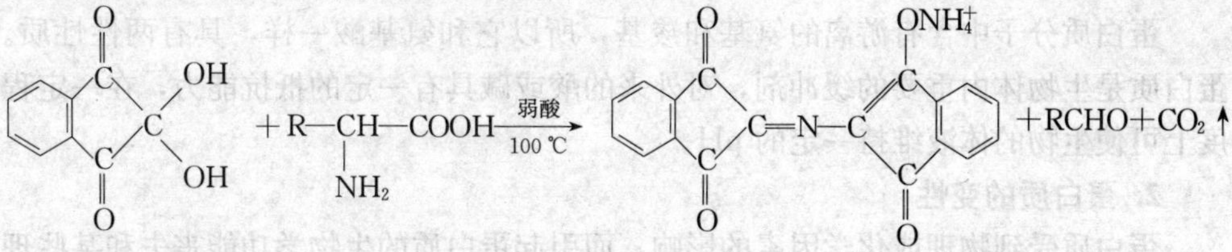

（3）成肽反应。

α-氨基酸的氨基与羧基分子间发生脱水反应，生成以酰胺键（—CO—NH—）相连接的缩合产物称为**肽**，其中的酰胺键称为**肽键**。

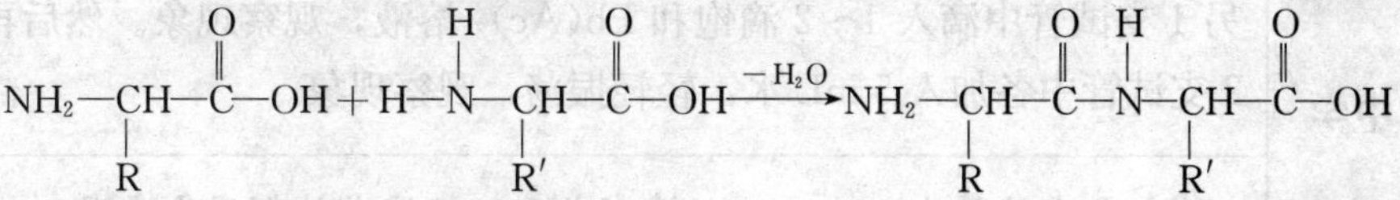

由两个氨基酸缩合而成的肽称为二肽；由三个氨基酸缩合而成的肽称为三肽，由多个氨基酸缩合而成的肽称为多肽。

> 肽广泛存在于动植物组织中，有些肽在生物体内具有特殊的功能。例如，谷胱甘肽、催产素、脑啡肽等都是生物体内较重要的多肽。1965 年，我国首次合成的具有生理活性的结晶牛胰岛素，对蛋白质的研究起了很大的推动作用。

二、蛋白质

蛋白质是由几十到几百甚至几千个 α-氨基酸分子缩水，相互连接起来的生物大分子，结构非常复杂。图 8-5 为蛋白质的 α-螺旋结构，图 8-6 为 β-折叠结构，图 8-7 为肌红蛋白的三级结构示意图。

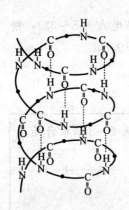 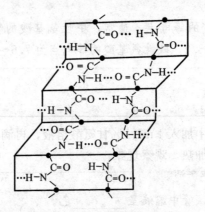 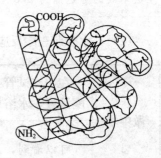

图8-5 α-螺旋结构 　　　图8-6 β-折叠结构 　　　图8-7 肌红蛋白的三级结构

蛋白质具有一些与氨基酸相似的性质，但它与氨基酸也有质的区别，如可以发生水解、沉淀、变性等作用。

1. 蛋白质的两性性质

蛋白质分子中含有游离的氨基和羧基，所以它和氨基酸一样，具有两性性质。蛋白质是生物体内重要的缓冲剂，对外来的酸或碱具有一定的抵抗能力，在一定程度上可使生物的体液维持一定的 pH。

2. 蛋白质的变性

蛋白质受到物理或化学因素的影响，而引起蛋白质的生物学功能丧失和某些理化性质的改变，这种现象称为**蛋白质的变性**。蛋白质的变性一般是不可逆的。

做中学	在 2 支试管中各加入 2 mL 20％鸡蛋清溶液，其中给 1 支试管加热，另 1 支试管中滴入 1～2 滴饱和 Pb(Ac)₂ 溶液，观察现象。然后再向 2 支试管中各加入 5 mL 水，轻轻振荡，观察现象。
	（1）2 支试管中_____（填有或无）沉淀或结絮现象出现。 （2）向上述 2 支试管中分别加入 5 mL 水后，可以看到_____。

能使蛋白质变性的因素很多。加热、高压、强烈振荡、紫外线照射等物理方法，以及加入酸、碱、尿素、重金属盐等化学方法都可使蛋白质的功能和性质发生变化。变性后的蛋白质，有些可出现凝固现象，有些可出现沉淀或结絮现象。

 化学与生活

在日常生活中，蛋白质的变性有许多实际的应用。例如，临床上，对消毒、灭菌用酒精、蒸煮或高压、紫外线照射等方法进行。农业上用福尔马林、波尔多液杀菌，防治病害，其原理就是使细菌体内蛋白质变性，而失去其生理学活性。反之，为了防止疫苗、抗血清等蛋白质变性，必须将它们保存在低温、干燥或避光等条件下。误服重金属盐的病人可通过口服大量的豆浆或牛乳等蛋白质进行解救，因为它能和重金属盐形成不溶性盐，然后再服用催吐剂排出体外。

3. 蛋白质的盐析

在蛋白质水溶液中加入足量的盐类（硫酸铵、硫酸钠或氯化钠等），使蛋白质脱去水化层而聚集沉淀，这种现象称为**盐析**。盐析沉淀一般不引起蛋白质变性。

做中学	取 2 mL 20％鸡蛋清溶液于试管中，缓慢加入 2 mL 饱和（NH$_4$）$_2$SO$_4$ 溶液，观察有无沉淀析出。取上述反应液 1 mL 于另 1 支试管中，加入 4～5 mL 水，轻轻振荡，观察沉淀是否溶解。
	（1）加入硫酸铵溶液后，试管中_____（填有或无）沉淀析出。 （2）向这支试管中加入水后，可以看到沉淀_____。

盐析作用是可逆的，在适宜条件下，盐析引起的蛋白质沉淀可重新溶解并仍保持原来的性质。因此，可用盐析法分离和提纯蛋白质。

4. 蛋白质的水解

在酸、碱或酶的作用下，蛋白质可发生水解，形成一系列中间产物，最终完全水解生成各种 α-氨基酸。

动物从食物中摄取的蛋白质，就是在胃液中酶的作用下，水解生成 α-氨基酸从而被体内吸收的。

5. 蛋白质的颜色反应

做中学	向 1 支试管中加入 2 mL 鸡蛋清溶液和 2 mL 10％NaOH 溶液，再滴入 2 滴 1％CuSO$_4$ 溶液，观察现象。
	可以看到，溶液呈_____色。

蛋白质能与硫酸铜的碱性溶液发生反应，生成紫色化合物，此反应又称双缩脲反应。通常，利用此反应检验是否含有蛋白质。

本章小结

一、糖类

从分子结构和性质上看，糖类是多羟基醛或多羟基酮以及水解后生成多羟基醛或多羟基酮的一类化合物。根据能否水解及水解生成的产物，糖类可以分为单糖、

低聚糖和多糖，

$$\text{糖}\begin{cases}\text{单\quad 糖：不能被水解的糖类化合物，如葡萄糖、果糖等。}\\\text{低聚糖：由几个单糖分子脱水缩合而成，如蔗糖、麦芽糖、棉籽糖等。}\\\text{多\quad 糖：由多个单糖分子脱水缩合而成，如淀粉、纤维素等。}\end{cases}$$

几种重要的糖类化合物：

名　称	组　成	分子式	性　质	最终水解产物
葡萄糖		$C_6H_{12}O_6$	还原性糖	
蔗　糖	1分子葡萄糖和1分子果糖脱水缩合而成	$C_{12}H_{22}O_{11}$	非还原性糖	葡萄糖和果糖
麦芽糖	2分子葡萄糖脱水缩合而成	$C_{12}H_{22}O_{11}$	具有还原性	葡萄糖
淀　粉	许多个葡萄糖脱水缩合而成	$(C_6H_{10}O_5)_n$	与碘反应 水解反应	葡萄糖
纤维素	许多个葡萄糖脱水缩合而成	$(C_6H_{10}O_5)_m$	水解反应	葡萄糖

二、脂类

脂类包括油脂和类脂化合物。油脂是1分子甘油和3分子高级脂肪酸结合而成的甘油酯，易发生水解反应、加成反应、酸败和干化作用。

磷脂分子中，既含有亲水基团也含有疏水基团，是良好的乳化剂。

三、蛋白质

氮元素是蛋白质的特征元素，各种蛋白质的含氮量都比较接近，平均为16%。氨基酸是组成蛋白质的基本单位，组成蛋白质的氨基酸大约有20余种，除脯氨酸外，其余均为α-氨基酸。它具有两性性质，可以发生成肽反应、与水合茚三酮发生颜色反应等。

蛋白质是由几十到几百甚至几千个α-氨基酸分子缩水，相互连接起来的生物大分子。蛋白质具有两性性质，可以发生变性、盐析、水解和颜色反应。

附：化学元素周期表

金属　非金属　过渡元素

原子序数—92 U——元素符号，红色指
放射性元素
元素名称——铀
注＊的是
人造元素
外围电子层排布，括号
指可能的电子层排布
5f³6d¹7s²
238.0——相对原子质量

注：
1.相对原子质量录
自1997年国际原子量
表，并全部取4位有效
数字。
2.相对原子质量加
括号的为放射性元素
的半衰期最长的同位
素的质量数。

周期\族	I A 1	II A 2	III B 3	IV B 4	V B 5	VI B 6	VII B 7		Ⅷ		I B 11	II B 12	III A 13	IV A 14	V A 15	VI A 16	VII A 17	0 18	电子层	电子数
1	1 H 氢 1s¹ 1.008																	2 He 氦 1s² 4.003	K	2
2	3 Li 锂 2s¹ 6.941	4 Be 铍 2s² 9.012											5 B 硼 2s²2p¹ 10.81	6 C 碳 2s²2p² 12.01	7 N 氮 2s²2p³ 14.01	8 O 氧 2s²2p⁴ 16.00	9 F 氟 2s²2p⁵ 19.00	10 Ne 氖 2s²2p⁶ 20.18	L K	8 2
3	11 Na 钠 3s¹ 22.99	12 Mg 镁 3s² 24.31											13 Al 铝 3s²3p¹ 26.98	14 Si 硅 3s²3p² 28.09	15 P 磷 3s²3p³ 30.97	16 S 硫 3s²3p⁴ 32.07	17 Cl 氯 3s²3p⁵ 35.45	18 Ar 氩 3s²3p⁶ 39.95	M L K	8 8 2
4	19 K 钾 4s¹ 39.10	20 Ca 钙 4s² 40.08	21 Sc 钪 3d¹4s² 44.96	22 Ti 钛 3d²4s² 47.87	23 V 钒 3d³4s² 50.94	24 Cr 铬 3d⁵4s¹ 52.00	25 Mn 锰 3d⁵4s² 54.94	26 Fe 铁 3d⁶4s² 55.85	27 Co 钴 3d⁷4s² 58.93	28 Ni 镍 3d⁸4s² 58.69	29 Cu 铜 3d¹⁰4s¹ 63.55	30 Zn 锌 3d¹⁰4s² 65.39	31 Ga 镓 4s²4p¹ 69.72	32 Ge 锗 4s²4p² 72.61	33 As 砷 4s²4p³ 74.92	34 Se 硒 4s²4p⁴ 78.96	35 Br 溴 4s²4p⁵ 79.90	36 Kr 氪 4s²4p⁶ 83.80	N M L K	8 18 8 2
5	37 Rb 铷 5s¹ 85.47	38 Sr 锶 5s² 87.62	39 Y 钇 4d¹5s² 88.91	40 Zr 锆 4d²5s² 91.22	41 Nb 铌 4d⁴5s¹ 92.91	42 Mo 钼 4d⁵5s¹ 95.94	43 Tc 锝＊ 4d⁵5s² 98.91	44 Ru 钌 4d⁷5s¹ 101.1	45 Rh 铑 4d⁸5s¹ 102.9	46 Pd 钯 4d¹⁰ 106.4	47 Ag 银 4d¹⁰5s¹ 107.9	48 Cd 镉 4d¹⁰5s² 112.4	49 In 铟 5s²5p¹ 114.8	50 Sn 锡 5s²5p² 118.7	51 Sb 锑 5s²5p³ 121.8	52 Te 碲 5s²5p⁴ 127.6	53 I 碘 5s²5p⁵ 126.9	54 Xe 氙 5s²5p⁶ 131.3	O N M L K	8 18 18 8 2
6	55 Cs 铯 6s¹ 132.9	56 Ba 钡 6s² 137.3	57~71 La-Lu 镧系	72 Hf 铪 5d²6s² 178.5	73 Ta 钽 5d³6s² 180.9	74 W 钨 5d⁴6s² 183.8	75 Re 铼 5d⁵6s² 186.2	76 Os 锇 5d⁶6s² 190.2	77 Ir 铱 5d⁷6s² 192.2	78 Pt 铂 5d⁹6s¹ 195.1	79 Au 金 5d¹⁰6s¹ 197.0	80 Hg 汞 5d¹⁰6s² 200.6	81 Tl 铊 6s²6p¹ 204.4	82 Pb 铅 6s²6p² 207.2	83 Bi 铋 6s²6p³ 209.0	84 Po 钋 6s²6p⁴ (210)	85 At 砹 6s²6p⁵ (210)	86 Rn 氡 6s²6p⁶ (222)	P O N M L K	8 18 32 18 8 2
7	87 Fr 钫 7s¹ (223)	88 Ra 镭 7s² 226.0	89~103 Ac-Lr 锕系	104 Rf 铲＊ (6d²7s²) (261)	105 Db 钍＊ (262)	106 Sg 𨭎＊ (266)	107 Bh 𨨏＊ (264)	108 Hs 𨭆＊ (269)	109 Mt 𨭆＊ (268)	110 Uun 镋＊ (269)	111 Uuu＊ (272)	112 Uub＊ (277)								

镧系	57 La 镧 5d¹6s² 138.9	58 Ce 铈 4f¹5d¹6s² 140.1	59 Pr 镨 4f³6s² 140.9	60 Nd 钕 4f⁴6s² 144.2	61 Pm 钷＊ 4f⁵6s² 144.9	62 Sm 钐 4f⁶6s² 150.4	63 Eu 铕 4f⁷6s² 152.0	64 Gd 钆 4f⁷5d¹6s² 157.3	65 Tb 铽 4f⁹6s² 158.9	66 Dy 镝 4f¹⁰6s² 162.5	67 Ho 钬 4f¹¹6s² 164.9	68 Er 铒 4f¹²6s² 167.3	69 Tm 铥 4f¹³6s² 168.9	70 Yb 镱 4f¹⁴6s² 173.0	71 Lu 镥 4f¹⁴5d¹6s² 175.0
锕系	89 Ac 锕 6d¹7s² 227.0	90 Th 钍 6d²7s² 232.0	91 Pa 镤 5f²6d¹7s² 231.0	92 U 铀 5f³6d¹7s² 238.0	93 Np 镎 5f⁴6d¹7s² 237.0	94 Pu 钚＊ 5f⁶7s² (244)	95 Am 镅＊ 5f⁷7s² (243)	96 Cm 锔＊ 5f⁷6d¹7s² (247)	97 Bk 锫＊ 5f⁹7s² (247)	98 Cf 锎＊ 5f¹⁰7s² (251)	99 Es 锿＊ 5f¹¹7s² (252)	100 Fm 镄＊ 5f¹²7s² (257)	101 Md 钔＊ 5f¹³7s² (258)	102 No 锘＊ (5f¹⁴7s²) (259)	103 Lr 铹＊ (5f¹⁴6d¹7s²) (260)

图书在版编目（CIP）数据

化学 / 张龙，张凤主编 . —北京：中国农业出版社，2014.6（2016.9 重印）
　"十二五"职业教育国家规划教材　高等职业教育农业部"十二五"规划教材 . 五年制高职适用
　ISBN 978 - 7 - 109 - 19025 - 2

　Ⅰ. ①化…　Ⅱ. ①张… ②张…　Ⅲ. ①化学-高等职业教育-教材　Ⅳ. ①O6

中国版本图书馆 CIP 数据核字（2014）第 060048 号

中国农业出版社出版
（北京市朝阳区麦子店街 18 号楼）
（邮政编码 100125）
责任编辑　李　燕

中国农业出版社印刷厂印刷　　新华书店北京发行所发行
2014 年 8 月第 1 版　　2016 年 9 月北京第 2 次印刷

开本：787mm×1092mm　1/16　印张：13
字数：305 千字
定价：29.00 元
（凡本版图书出现印刷、装订错误，请向出版社发行部调换）